养花种菜

小种子
大趣味

播种·采种·育种·图解入门

 海峡出版发行集团 | 福建科学技术出版社

再版序

播下种子，
让小空间展现无限绿意

谢谢出版社，没想到继《一盆变十盆！扦插种植活用百科》后，还有机会为大家介绍种子繁殖的心得，这回的改版更是令人雀跃！谢谢远在国外的骏逸学弟一同进行改版及润色，让本书内容更加充实。感谢这段期间帮忙的朋友们、同事们，感谢这一路指导过群健的师长们，让自己有双翅膀，在植物世界里飞翔、探索；让自己学会读心术，懂得欣赏植物的"表情"和"心情"。

利用种子繁殖是一件最自然不过的方式，单单从采收果实、收集种子开始，便能体会到俯拾皆是的乐趣。不论是趣味栽培的种子盆栽，还是为了布置阳台、窗台空空的花槽，当您见到用心抚育的花苗或菜苗渐渐自土地中舒展开来，迎接着阳光、迎接着生命的感动便无所不在。

新生的嫩绿总是让人心醉，让人有一种逢春的喜悦。其实绿化并不难，当您学会播种繁殖之后，只要有一小钵的空间，就能展现出无限绿的生机。同时，您会发现原来大自然的道理无所不在，也未曾远离我们，只要愿意用心体会和观察，即便是小小树苗也有它的大道理。播种一点也不难，请循着适时、适地的原则进行播种，便能孕育出收获。当您翻开农历循着节气走，更能体会春耕、秋收、夏耘和冬藏的道理了。

　　在播种繁殖的乐趣中，我最喜欢当植物的小红娘，开花结果后，享受着漫漫的抚育过程；然后在这些众多的小苗中，开始一场接着一场的选秀大会，选拔出最喜爱的株型、花形与花色，创造自有的品种。虽然当不起伟大的育种专家，但看在眼里，自家选育出的品种最为美丽，开出的花朵都像是醉人的醇酒。育种是需要经过时间的洗礼与沉淀才看得出成果，每每都令人有种"吾家有女初长成"的感慨。如果您也喜欢，不妨就从这本书开始，细细体会每个图解的过程，相信不久后您也会和我一样，醉心在这花花世界里。

梁群健

从绿芽到开花结果，
见证生命的起落与传承

再版时，重温起当初合著此书的时光：一边做着研究所的试验，一边播种、记录、写书，在温室里忙进忙出、挥洒汗水。如今十分怀念那段忙碌的日子。感谢同窗好友雅婷、杨婕及又昌等人，协助拍摄并给出文字上的建议，感谢在园艺这条路上熏陶徐某的师长与学长姐们，更感谢出版社及群健学长给予的信任与机会，让我有幸参与撰写本书，这是人生中十分难得的经历。

撰写初稿时，我也曾想过："播种？不就是把种子播下后，再浇浇水就好了，有必要图解教学吗？"后来在推广指导园艺作物栽培的日子里，看着学员们在播种及栽培过程中发生的各种大大小小问题，不禁让我感慨："啊！当初学习的旅途不也如此嘛！"看起来简单的事情，背后可是暗藏着大学问。最终，决定自己以初学者的视角，来记录种子繁育各种花、果、菜的技巧，并在字里行间透露着我的内心感悟，再融入些许生活哲理，让本书既浅显易懂又富含新知与趣味。

播种育苗是门艺术，也是对观察力与耐心的磨炼。看着新生绿芽钻出土壤，展开新叶，苗壮生长，开花结果，生命的起落与传承就在眼前，怎能不让人兴奋呢！从适合布置于室内、办公桌上的盆栽小树，到生长快速的各式蔬菜、香草作物，再到栽培期较长的花卉，即便各种植物有不同的习性，若您能自行尝试，生命自会做出回应，这就好比双人舞，度过最初互相磨合的时期，最终自能获得美好喜悦的果实。

　　由播种跨入自行采种，再更进一步玩起配对，其中的酸甜苦辣只有亲自施作后才知道。从开花授粉后到结实采收，再到再度播种，历经漫长等待，子代们环肥燕瘦，每株皆是心头肉，此等喜悦是无法用言语表达，只有亲自参与的您才能拥有。

　　最后，希望这本书对您能有所启发，祝大家都能变成"随手播，草花随处长"的达人！

徐诗渊

目 录
contents

第一章　种子的秘密

播种之前，先认识种子发芽需要的光线、水分、介质等条件，并且善用一些简单技巧，进行软化与消毒种子的处理，让种子健康顺利成长。

第二章　市售种子栽培手记

先从购买市售的种子开始练习，选在对的时间、环境播种，摸索出适宜的播种密度、深度、浇水量等条件，即能顺利栽种到生长苗壮、开花结果！

第三章 趣味种子变森林

利用吃剩的水果的种子，或是捡拾各类林木的种子，就能变出耐阴性佳、观赏性高的绿意小森林。此外，居家栽豆芽的好主意，真是营养、安全又实惠。

第四章　种子采集、处理与播种

植物开花了！除了享受花开的喜悦，还能进一步为植物授粉，采集结出的果实，留取强健的种子进行无限繁衍，完全不用再花钱购买种子。

采集播种

第五章 培育您自己的花——浅谈杂交育种

当您已经熟练播种的技巧，不妨尝试自己配对花草，创造出自有的新品种、新花色，并为之命名，这个过程令人期盼与惊喜，且富有纪念意义！

本书符号说明

种子的播种方式

播种方式			
	撒播	条播	点播

播种的日照需求

日照需求			
	全日照	半日照	无日照

第一章
种子的秘密

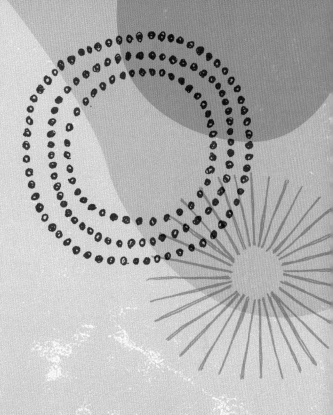

种子是植物繁衍后代最自然的方式，各类种子的造型和模样也因为传播的方式不同，各具奇趣，变化万千。它们或以轻薄的造型、带着羽绒的翅膀，借着风与水的力量散播新生命；又或是长出各类附属物以利黏附着经过的动物，借由动物的迁徙，将种子传播各地。

植物为了繁衍后代，还发展出自力传播的方法，即借由种荚内的构造，在开裂时形成弹力，发送出自己的后代。它们最成功的传播方式便是结出甜美的果实来满足人们的口腹之欲，而人类借由农业经营的方式，也协助着植物繁衍后代。所以小小的种子拥有的力量不容忽视。

植物的繁殖方法

🌱 有性繁殖

经由雌、雄两性结合，产生新生的个体，为有性繁殖。

种子是特化的植物构造。一个微小的胚包覆在种皮内，能自行成长成一株新生植物，这就好像是用胶囊包裹了新生命一样。种子中最重要的除了胚之外，还具备胚生长所需的养分提供者，如子叶或胚乳。

菊科的日本茼蒿。头状花序中的管状花在自然界环境下会授粉产生种子。

日本茼蒿花后。管状花已授粉，产生种子。种子成熟褐化后即可采收。

🌱 无性繁殖

利用植物的营养器官如根、茎、叶或其衍生的植物体培育成幼苗的繁殖方式为无性繁殖，如分株和扦插。

分株 分株即自母株上分离出部分的植株或侧芽进行繁殖。

扦插 扦插，以草本植物为例，即剪取带有顶芽的枝条 3 ～ 5 厘米，插入干净的介质中养护，待发根后育成新生小苗。

扦插 扶桑枝条，其顶端的嫩枝至下半部的硬枝，因成熟度不同，发根的能力也不同。

种子繁殖的
优点与缺点

种子繁殖又称"实生繁殖"或"播种繁殖"。操作简便，要求的设备不多，只要学习简单的播种技巧，在对的时间、合适的环境条件下，便能育成植物小苗。

一般来说，播种的实生苗经由有性繁殖的过程，通过基因重组或基因交换，后代外形与亲本不完全相似，但是具有完整的根系，生长强健，对环境的适应力较高，植株的寿命也较无性繁殖的小苗长。

优点

① 操作容易，可在短期间内获得大量的苗。

② 实生的小苗根系发达、强壮，寿命较长。

③ 种子便于贮藏及运送。

④ 某些作物可利用杂交优势，获得性状更优良的 F1（注 1）后代。

⑤ 有些植物只能用播种繁殖，如棕榈科的单茎类椰子。

⑥ 有利于选拔新的性状（注 2）及创造新的品种。

缺点

① 后代可能无法保留父母本优良特性。有性繁殖时父母本基因互换，导致后代优良性状会分离或重组。

② 对木本植物来说，幼年期长，由播种至开花所需时间长。

③ 有些不产生种子或结假果的植物无法采用种子繁殖，如香蕉和无籽西瓜等。

植物小知识

注1 **F1**
即杂交第一代的种子，常兼具父母本优良的特性，生长力旺盛，质量优良，常用于商业种子生产。

注2 **性状**
指的是后代表现出来的特征，如叶色、花色、果实风味、株型大小高矮等均为植物的各类性状之一。

影响种子发芽的因素

因素1　种子的成熟度

种子成熟度决定了种子是否发育完成，是否离开母体后能长成一株新生命。成熟的种子萌芽率较高，而有些林木的种子，则在果实发育到八九分熟时采收，在种子尚未进入休眠前进行播种，这样发芽率会比完全成熟后进入休眠的种子来得高一些。

成熟的种子在吸足水分后，胚根突破种皮，此现象称之为发芽，接着子叶或胚芽也会跟着突破种皮。

因素2　种子本身有抑制发芽的物质

种皮坚硬的相思豆，可利用温水浸种催芽，在种皮开裂后进行播种。

有些时候种子已经成熟，却不能发芽，除了生理性的休眠性外，部分种皮厚实的种子，常因种皮太厚难以吸水，导致发芽不易；或有些种子具有某些化学物质，如无患子的种皮有大量的皂素，而抑制种子发芽。这时可以进行事前处理，去除种子发芽的障碍。

→请见第24页种子播种前的处理

🌱 因素3　种子的新鲜度

播种时种子越新鲜，发芽率越高，种子活力也越高，种子发芽率及活力会随着贮藏时间的增加而下降。如果需要长时间贮藏种子，必须让种子能够保持在干燥与低温环境中，才能延长贮藏的寿命。

 一般自行采收的种子，建议在 3 年内使用，贮存 3 年以上的种子，多数已经失去发芽的活力。

常见的种子贮存方式为：先将种子干燥后，放入干燥剂，贮存于密闭的容器中后，再置入冰箱中冷藏。

🌱 因素4　种子是否具有休眠性

有些植物种子具有休眠性，利用休眠的方式躲过自然界的冬天后，在春天发芽，如蔷薇科的梨、桃、李、梅、樱等。这类种子需低温处理，打破休眠后才能发芽，或缩短发芽的时间。

蔷薇科的樱花，种子具有休眠性。

种子发芽
环境条件也会影响

为什么有的植物种子随便扔在土里，过不久就发芽了？而有的种子撒再多也不见发芽？就像养育不同的动物宝宝，有着各种相应的妙招，对于不同植物的种子，适合的发芽条件也不一样。其中影响种子发芽的主要因子有水分、氧气、温度及光线。

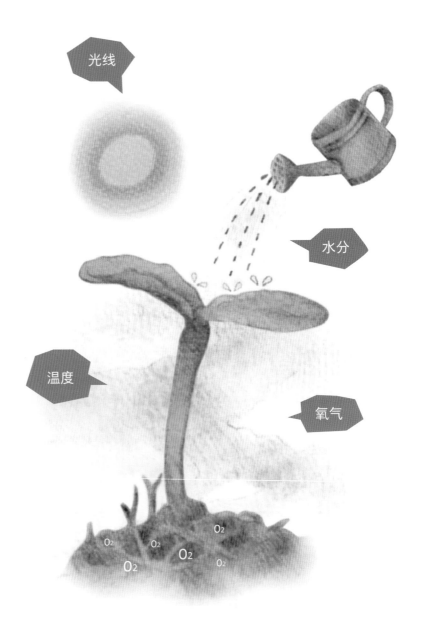

光线

水分

温度

氧气

🌱 条件1　水分

　　种子发不发芽，水分扮演关键角色，水分的作用在于能软化种皮，让胚能顺利吸水，开始进行发芽所需的生理活动，活化胚里的细胞，以及促进种子养分转化、运转和活化酶，让子叶及胚乳的养分经酶作用，形成提供胚芽生长所需的养分。

🌱 条件2　氧气

　　种子在发芽过程中，吸足水分后，通过大量呼吸作用，提供发芽所需的能量。因此播种时不只是充分浸种，维持高湿而已，也要注意透气性，使用透气、排水良好的介质，是播种成功的关键。常见播种失败的原因是水分太多，让种子泡在含水量过高的介质中，导致种子缺氧死亡。

🌱 条件3　温度

　　与各类植物生长适温有关，来自温带的植物，播种发芽适温在10 ~ 15℃之间，亚热带植物在15 ~ 25℃之间，热带植物则在25 ~ 35℃之间。在不适当的季节进行播种，将不利于种子的发芽及后续生长。通常种苗公司会在外包装标注清楚，发芽适温或适宜的播种季节，如春播或秋播等。

　　初学播种的朋友，如不清楚花草播种的适温，可以查阅网络及相关参考数据。如欲栽作时蔬的朋友，可参考万年历上的建议，依时序栽种植物，栽培出符合节令的蔬果。正因为生长在适宜的环境下，植物方能发育健壮，使用的杀虫剂及肥料才可以减少。因此在对的时间栽种合适的花草，是种子繁殖时不可忽视的要点。

条件4　光线

种子依照发芽需不需要光线，可分为喜光性及喜阴性两类。**喜光性种子**，播种后不必覆土，光线是发芽时必要的条件。**喜阴性种子**，播种后要覆土，覆土厚度视种子大小而不同，一般为种子的 1 ~ 1.5 倍。那么，如何判定要不要覆土呢？种子具有适应性，覆土或不覆土影响不大，但大原则可依种子的大小区分，细小的种子不需覆土；大颗粒的种子，则需要覆土。

直径小于 1 毫米的种子

细小颗粒的种子，播种时多半不需覆土，发芽也需要光线。尤其是杂草种子，每年开花结籽后，大量的种子蕴藏在土壤层内，经过翻耕或中耕后，埋藏在土壤中的种子，被翻至地表上，接受光线后发芽，并依时序长出，仿佛是"野火烧不尽，春风吹又生"。

大颗粒种子

大颗粒种子常具有较厚的种皮，覆土可增加种皮浸润的时间，也可减少被鸟兽取食的机会。因此大颗粒的种子多半是喜阴性种子，播种覆土也是必要的程序。

植物分成单子叶植物与双子叶植物，它们种子的构造也有差异。

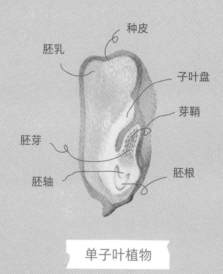

种皮
胚乳
子叶盘
芽鞘
胚芽
胚轴
胚根

单子叶植物

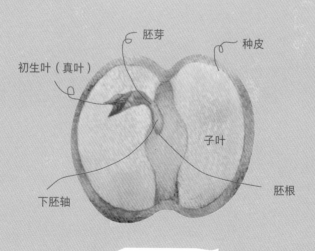

胚芽
种皮
初生叶（真叶）
子叶
胚根
下胚轴

双子叶植物

注意 胚乳本是作为贮藏种子发芽时所需的养分用，双子叶植物的胚乳已退化，由肥大的子叶取代了胚乳的功能，发芽时可见一对肥大的子叶。

种子播种前的处理

有些植物种子，需经火烧或烟熏等处理才能发芽。如相思树种子表面具有坚硬的蜡质层，因为这层蜡质的保护，相思树种子可以保存 40 年以上；但也相对的，相思树种子发芽困难，在播种前需经特殊处理。

常见的去除相思树种子蜡质层的方式，是利用热水浸种。取 90℃以上的开水浸泡种子，待水自然冷却后再换水，接着以冷水浸泡 12 个小时后，捞起静置，待种子胚根突破种皮，再行播种。

种子播种前处理的目的，不外乎是让种子顺利发芽、让种子发芽得更整齐，或是缩短种子发芽时间。在播种前，借由去除种皮或是浸种等方式，去除种子发芽的障碍，称为种子前处理或种子预处理。常见播种前处理有下列 6 种。

种皮坚硬的相思豆，可利用热水浸种催芽。

❦ 1. 浸种与浸润

浸种

　　浸种处理是最常用的一种方法，种子经过冷水或温水的充分浸泡，种皮软化后让种子的胚能够顺利吸到水分，促进种子发芽。浸润时间根据种子的大小或外观来判定，一般浸泡 6 ~ 10 小时。

浸种催芽可提高种子发芽整齐度。种子密度低者，如朱顶红、风雨兰，种子会飘于水面。

浸种时水位的高度要注意，水位顶多与被浸泡的种子平高。

木玫瑰种子，充分浸种后种皮软化，随着种子膨大，种皮开裂。

 小贴士　**成功浸种的技巧**

每日换水

有些植物种子具有厚实的种皮，浸泡时间长。浸泡过程中应每日换水一次，以维持水中含氧量，降低病菌滋生，避免种子因缺氧与染病死亡。

✕　常见浸种失败的原因是浸泡不当或浸泡时间过长，没有换水或是浸泡的水位过高，使种子缺氧而失去活力。

✕　浸泡时如果水温过高，加上种子内含贮藏营养的子叶或胚乳，种子会呼吸不良，让种子开始发酵（出现臭味），而失去发芽能力。

浸润

　　除了浸泡的方式外，也可以"浸润"的方式，或是播种后使用塑料袋套住以"闷"的方式，让种子在发芽前先吸足发芽所需的水分。

　　浸润是使用抹布、无纺布或纸巾，将其充分浸水后半拧干至不再滴水的程度，再将种子半包裹其中。视各类植物种子不同，它们至少浸润 1 天或放置到开始发根的状态后（即胚根开始萌发）再行播种。

浸润
以湿润棉质方巾浸润种子 1 天后，种皮开裂，催芽成功，可以准备播种。

浸种
种子浸种 1 天后，种皮已经开裂，可进行播种。

 种皮坚硬或厚实的种子，因不利于吸水，而常无法顺利发芽，如无患子、荔枝、龙眼或一些豆科植物的种子，这时可在种脐处使用砂纸，轻微地磨擦，制造些微挫伤；或使用刀具在种脐处划伤种皮，达到缩短浸泡时间与促进发芽的目的。

🌱 2. 挫伤

挫伤又称为"破头处理"，此法常用在具有坚硬种皮的核果类种子上，即使用指甲剪、剪定钳、刀具、老虎钳、斜口钳、小木槌等，直接去除核果的坚硬外壳，或破坏其坚硬的种皮，让核果内的种子能吸收水分而顺利发芽。

砂纸与指甲剪是制造种皮伤口的好道具。

100号砂纸最为常用，在种皮上来回磨几下，这些伤痕有利于浸润种皮，使种子吸足水分。

除了可以用指甲剪的锉刀磨伤种皮之外。种皮过硬的种子，可于胚脐处直接剪出破口，以利种子的吸水。

 挫伤处理的技巧

为了让种子发芽更一致、整齐，可在播种前将种皮剥除，或在种皮上制造小伤口再浸种，以利种子吸水发芽。另外，木瓜、百香果、番茄等种子，具有胶质的种皮，含有抑制种子发芽物质，或干燥后会形成薄膜，使种子无法顺利发芽的，可以使用纱网搓洗的方式去除表层的胶质。

使用剪定钳，将竹柏种子胚脐处的种皮剪除。

竹柏种子被剪破种皮后，再充分浸种，种皮开裂的情形。

🌱 3. 剥壳

　　剥壳和挫伤处理方式一样，但对种子外观的破坏程度较低。剥壳处理，**多半用在种皮较软者**，即直接将种皮或果肉剥除，使种子外露后再行播种。如常用在芸香科植物柚子、柑橘等种子上，可将其种皮剥除后再播种，让发芽更整齐一致。

去除含有大量皂素的假种皮，有利于无患子的发芽。

木玫瑰种子，先浸种软化种皮后再剥除，可再缩短发芽的时间。

 剥壳处理与挫伤处理常结合浸种混合着使用，目的在于去除因种皮造成的发芽障碍。

🌱 4. 化学处理

使用盐酸浸泡苦瓜种子一天后，种子两端已变色。

由于莲子皮较厚，需等待较长时间才会软化。

　　自然界中，植物的种子，会与动物形成互利共生的模式来进行散播，先吸引动物取食，经由动物肠胃道的酶及酸的作用，去除这类植物具胶质或蜡质的种皮后，再随着动物的排泄而四处传播。

　　化学处理为模仿动物消化种子的方式，使用强酸或强碱等药剂，让种皮坚硬或具蜡质、胶质的种子结构被破坏，或去除不利发芽的物质，增加种皮的透水性及透气性。其原理与挫伤处理一样，只是过程不同。棕榈科植物的种子，如欧洲矮棕种子利用硫酸浸泡约15分钟后，种子发芽率可由34%提高68%；牛樟种子利用15%过氧化氢处理，可增加发芽的速度，缩短发芽所需的时间。

5. 层积处理

　　层积处理是模拟植物种子存在于自然界中的环境，如种子掉落在潮湿的落叶层。层积处理常使用干净的湿沙或湿水苔做介质，将种子浸泡后，置于湿沙或湿水苔中贮存一段时间，促进催芽。

　　居家进行层积时建议使用水苔为宜，保湿效果佳，具有抑菌的作用，有利于长时间的放置。

 层积处理用于热带植物的种子时，不需置入冰箱，但处理温带的植物时，可将层积中的种子置入冰箱，结合低温打破休眠，缩短发芽的时间。

多半来自温带的果树或花木，如蔷薇科的桃、李、梅、樱、杏、玫瑰等，需以层积结合低温的处理才能打破休眠。

市场购入的西洋梨，食用后将种子洗净，以水苔为介质进行层积处理，在冰箱中冷藏 3 个月后发芽的状况。

🌱 6. 温度法处理

此法配合浸种处理时，称为"温水浸种"，常见是以 40 ~ 50℃温水浸泡种子。若以 80℃以上的高温热水进行种子浸泡，又称"热水烫种"，除了软化种皮、去除蜡质外，可增加种皮透水性，并兼具杀菌的效果，让种子发芽初期不受细菌的感染。像是将莲花种子浸泡于煮沸的开水 5 秒钟，可进行种皮的破坏及杀菌。

高温除具杀菌功能外，还可应用于蔬菜的干热处理。于播种前，先于 70℃的环境下贮放 2 ~ 3 天，可去除种皮外的细菌，弱化病毒的感染力，如番茄、黄瓜、西瓜、甘蓝等蔬果种子，常使用干热处理进行种子消毒。

栽培小知识：温度处理的进阶版

湿冷层积法

温度法常用于促进发芽、打破休眠的处理，以低温结合层积处理时，称为"湿冷层积法"。即在层积处理过程中，将种子放在 5 ~ 15℃的环境，满足种子的休眠需求或解除种子的休眠，以提高种子的发芽率。

变温处理

有些种子直接贮藏于低温中一段时间，便能打破休眠，促进发芽，但有些植物种子在贮存条件下，需历经温度的变化后，才能打破休眠刺激发芽。如牛樟种子以层积法放置于 5℃的环境下 6 ~ 8 周，每个月要打开袋子交换新鲜的空气，再放回常温或室温（25 ~ 30℃）环境下贮存。于来年春天 3 月间取出种子后播种，可提高发芽率。

此外，还有许多不同的变温方式可刺激牛樟种子发芽，如进行日夜温度变温的处理，以日、夜温分别为 30℃、20℃处理 6 周后播种，在 24 周后发芽率达 83%；日、夜温分别为 25℃、15℃处理 8 周后播种，在 24 周后发芽率近 78%。

粉衣处理

"粉衣种子"是指在不改变种子原来形状和大小下，于种子外的披衣材料内加入适量的杀虫剂、杀菌剂、营养剂等混合后进行种子包埋，这类种子对环境适应力更高，除发芽率提高外，发芽后的幼苗对环境的抵抗力也会增加。例如，玉米种子多经粉衣处理，外表覆上粉红色、含有杀菌剂的物质，以增加幼苗存活率。

造粒种子

造粒种子于1940年末缘起美国，将小、轻、形状不规则或不定型的种子经造粒处理，生产出圆形或颗粒大小相似的人造种子，方便机械播种及育苗进行，如莴苣、芹菜、胡萝卜等。造粒材料内常会加入适量的黏着剂、填充剂、杀菌及杀虫剂，也会加入一些营养物质，促进种子发芽。因为这类型的种子经过粉衣或造粒处理，价格比未处理者高些，但发芽能力及种苗育成品质也较一般未经处理的种子来得优良。

粉衣种子
常见市售的蔬菜种子，如甜菜及甜玉米，利用粉衣的方式将杀菌剂包覆在外部。

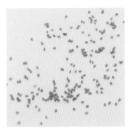

大岩桐种子
未经造粒处理的细小种子在撒播时，常因播种密度过高，小苗在育成过程中，会大量损耗。

造粒种子
大岩桐种子经造粒后，种子尺寸变大，有利于播种。

居家进行种子杀菌，除可使用温水浸种或热水烫种外，还可将种子直接沾上杀菌剂（如多菌灵），或播种后喷布 500 ~ 1000 倍的杀菌剂，以避免种子发芽时受病菌感染而降低了小苗育成率。也可直接用 500 ~ 1000 倍杀菌剂浸泡种子，毕其功于一役，兼具软化种皮及杀菌作用。

🌱 运用酒精与漂白水为种子消毒

如果无法购得合适的杀菌剂，可使用 70% 酒精或 1% ~ 5% 的次氯酸钠（漂白水）进行种子消毒。

太阳麻
将 70% 酒精喷布于种子外，挥发干燥后即可播种。

花豆
以 1% ~ 5% 的次氯酸钠浸泡 10 ~ 20 分钟；或以 70% 酒精浸泡种子，时间不要超过 30 秒。

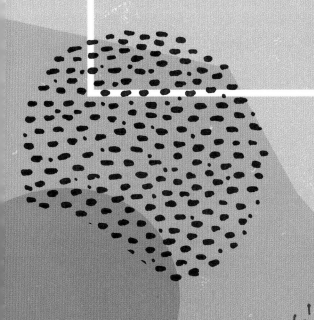

第二章

市售种子
栽培手记

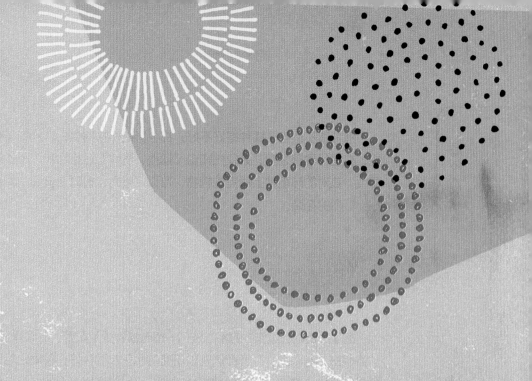

播种方式依栽种的作物及种植方式可分为：大面积生产的粮食作物及小面积生产的精致农业。前者如玉米、大豆，常采用田间直播的方式，直接把种子播种到田地，进行大规模的生产；后者如草花、盆花等，常实行育苗后，再以定植的方式生产。

除了根据生产模式决定播种方式之外，还必须了解植物对环境条件的要求，选择适当的播种期、播种量和播种方法。不论是徒手或使用机械配合，将种子播种到介质表面或一定深度的作业，皆称为播种。

本篇将介绍播种实务知识，然后带您实际操作市售常见花草蔬果种子的栽培方法。

成功播种的关键

　　播种适不适当、播种得好不好，都会影响作物的生长、发育与收成。在进行种植之前，必须先知道"适地、适作"在植物栽培上的重要性，在对的环境种上适宜的植物，可以"省力、省时、省钱"，栽培出美丽的花朵。

适时播种的重要性

　　除了"适地、适作"的不二法门，适时播种更是重要。俗谚有云："清明田，谷雨豆。"意即清明前所有的水田都要种好；谷雨之后只能栽种豆类作物。适时的播种符合时令，可以生产出当季的作物，植物在最适宜的生长气候条件下，由种子发芽开始，成苗、开花、结果，每个生育过程都能在适宜环境中进行，不论是活力或是生长势都会处于最为强壮的状态，在病虫害防治上，可以出最少的力气得到最大的成效，因此适时播种，能得到最好的收成。

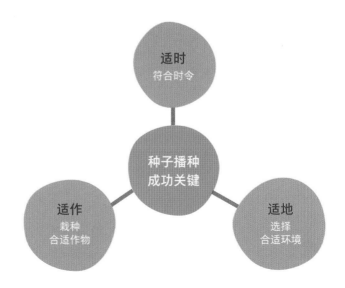

每一种植物发芽温度范围不同，能够忍受的高温及低温也不同。依照植物生长的适温，可分为春播及秋播 2 大类。

1. 春播

春播常用于暖季生长的作物，它们喜好生长在温暖的气候，花期集中在晚春、夏及早秋之间，常在 2 ~ 4 月间进行播种。

但暖季作物在华南地区生长期间，适逢夏季高温、雨季及台风、潮湿等不利生长的环境因子，栽培时需注意栽培在设施下或较避风雨处，不然植物常因失水或根部浸水等原因而死亡。此外，夏季高温也是好发各类病虫害的季节，易使植株大量死亡，造成栽培上的损失。

2. 秋播

用于凉季生长的作物，它们喜好生长在凉爽的气候，花期集中在冬春季之间，常在 8 ~ 10 月间播种。多数的草花及蔬菜，在华南地区冬春季生长良好。

 建议初学者可以在秋播的季节，多栽一些凉季生长的作物，体验从播种栽培到开花的乐趣。

适宜春播的暖季作物

播种期｜2 ~ 4月

开花期｜晚春、夏、早秋

菊科 ——————	百日菊、皇帝菊、黄波斯菊、向日葵、红凤菜
苋科 ——————	鸡冠花、千日红、苋菜
豆科 ——————	菜豆、豇豆、四棱豆
旋花科 ——————	空心菜、茑萝、木玫瑰、牵牛花
马齿苋科 ——————	马齿牡丹、松叶牡丹
葫芦科 ——————	西瓜、小黄瓜、丝瓜、瓠瓜
锦葵科 ——————	黄秋葵、洛神花
夹竹桃科 ——————	沙漠玫瑰、长春花
玄参科 ——————	夏堇、香彩雀
唇形花科 ——————	彩叶草、罗勒、紫苏

向日葵	马齿牡丹	彩叶草	小黄瓜

适宜秋播的凉季作物

播种期 | 8 ~ 10 月
开花期 | 冬、春

菊科 ——	波斯菊、大丽花、孔雀草、金毛菊、万寿菊及各类莴苣
十字花科 ——	紫罗兰、香雪球、小白菜、大白菜、上海青、甘蓝、芥菜与萝卜
凤仙花科 ——	非洲凤仙、新几内亚凤仙
秋海棠科 ——	四季秋海棠
豆科 ——	豌豆、蚕豆
禾本科 ——	玉米、大麦、小麦及燕麦
伞形科 ——	胡萝卜、芹菜、香菜
堇菜科 ——	三色堇、香堇菜
唇形花科 ——	一串红、红花鼠尾草、鼠尾草、熏衣草
石竹科 ——	五彩石竹、满天星、福禄考

四季秋海棠

香堇菜

万寿菊

上海青

播种的方式

🌱 1. 直播

直播：直接将种子播在田间、花圃、盆钵

直播是指不经由育苗的过程，直接将作物的种子依撒播、条播或是点播的方式栽入田间、花圃、盆钵里。居家栽培时，常见直播的作物为葫芦科的瓜类植物，或是菊科的向日葵、波斯菊、百日草等观赏花卉。

直播的优点

最大的优点是省工，适用于生长迅速，管理较为粗放的作物，如五谷杂粮多用直播方式进行大面积的生产。

直播的缺点

使用的种子量较多，初期生长会与田间的杂草发生竞争，如管理不当，作物的小苗常竞争不过生长快速的杂草而死亡或衰弱，因此初期管理较为费工。一旦发生缺株再行补植，苗木生长度也较不一致。

以条播方式，直播到田间生长的黄秋葵。

以撒播方式直播到床架上生产的苋菜。生长拥挤，如未再疏苗1～2次，小苗将因徒长弱化，引来病虫害的发生。

田间直播各类作物，发芽前应覆上纱网，避免鸟兽取食。

🌱 2. 育苗

育苗：培育小苗再移植

所谓"苗壮五分收"，从种子发芽到收获的时间，会因为作物种类不同而异。就整个栽培期来看苗期（播入田间后，种子发芽到小苗初期生长的期间）就占去近一半的时间，因此先将种子育成小苗，再于适当时间移植或定植到田间、花圃或上盆，称为育苗。

育苗的优点

1. 提高生产的效率
   育成的小苗具有完整的根系与根团，定植后适应力较高，能生产出较为优质的苗木及产品。

2. 提高种植成功率
   在育苗阶段已进行去芜存菁的作业，可事先淘汰不良的小苗。

3. 田间管理容易
   以育苗的方式进行生产，因事先已育成小苗，栽入田间后生长较杂草快速，田间管理相对容易。

4. 通过育苗的方式，相较于直播更节省种子。

 初学者若想要顺利地体验从种子播种栽种到成长开花的过程，建议利用育苗的方式为宜。通过育苗还能观察小苗旺盛的生命力，细心呵护的同时，让栽种的过程极富成就感。

育苗
以穴盘苗定植的莴苣，具有合理的行株距，能保有适当且充分的生长空间。

如何育苗

🌱 1. 育苗成长三阶段

育苗过程长短会因作物种类而不同，可简单分为 3 个阶段。

1. 播种发芽

在合适的环境条件下，让种子发芽并生长一段时间，待刚形成根球时，进行移植作业。

2. 移植育苗

待真叶生长至3 ～ 5片时，进行一次移植。常见是将小苗移入直径10厘米的盆中，进行苗期的育成。移植的好处是，让根系轻微受损后，可以刺激根系的新生，让小苗生长得更健壮。

穴盘苗具有完整的根系，但在根团建立后，应立即移植或定植，避免小苗老化。

3. 定植

待直径10厘米盆里的小苗已生长健壮后，可以直接脱盆，将成熟的花苗定植于花槽或花圃中。

移植到直径 10 厘米硬盆或黑软盆中，便可生长出与花市买到的一样的草花苗。

一、二年生的草本花卉或生长短期的叶菜类，在育苗过程中可利用穴盘育苗的方式，将播种与育苗两个阶段结合一起，经由穴盘育苗节省掉移植所需花费的时间与人力。

现代化农业已将育苗独立出来，有专业的农民，利用网室设施，结合自动化播种及穴盘育苗系统，生产优质小苗，让种植新手甚至可以不必买种子来孵育，直接选购强壮的小苗栽培。穴盘育苗在 1970 年开始发展至今，已广泛应用于各类花坛植物或蔬菜苗的培育。

专业生产各类菜苗的网室。

注意 由于穴盘苗在独立的穴格内生长，所生成的小苗有独立的根团，移植成活率高，具有节省种子、生长整齐、病虫害少及可提早采收等优点。

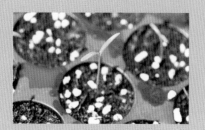

🌱 2. 穴盘育苗

　　居家进行穴盘育苗时，建议可以使用 72 孔的穴盘，在同一个穴盘里播上各种这一季要栽种的植物，再以底部给水的方式提供苗期的水分需求。或是与朋友采购一个穴盘，视个人需求，再自行裁剪需要的穴格数。

具体步骤

1

准备种子和穴盘
取出购买或采集来的种子，以及穴盘。

小贴士

大量栽培时，可使用整理箱收纳、保存各类作物的种子，箱内要放入干燥剂。密封后，可置于冰箱内保存未用完的种子，或收藏自行采收的种子。

2

填充介质
以72 孔方形的穴盘为例，填入育苗用的介质（一般常用泥炭土：珍珠石：蛭石 = 2：1：1 的比例调配，或视作物需求再行调整），以手或木尺平均地填入介质。

小贴士

穴盘苗都各自拥有独立的生长空间，同时也限制了根系生长的空间。且穴格越多就表示根部生长空间越有限，对于水分及养分的变化更敏感。介质应以保水性且质轻的为主，如泥炭土、珍珠石、蛭石等，视不同的植物需求再调配。

3

播入种子

以豆科蔬菜的菜豆为例，种子可事先浸种后再播。以指头先在每穴轻戳出一孔，每孔播入2颗种子，然后再覆土。

 小贴士

大颗粒的种子，可每穴播入1颗；小颗粒种子，可播入2～3颗。

4

供给水分

将穴盘充分浇湿或以底部给水的方式充分浸润后，每天浇水1回。播种后3～4天开始发芽，播种后2周小苗即可移植入直径10厘米的软盆中育成更强健的大苗。或以穴盘苗定植于田间亦可。

 小贴士

根团养成之后应该迅速移植，以免穴盘苗快速老化。

植物小知识：穴盘的规格

穴盘规格很多，有方形穴格及圆形穴格，孔数也有 45、72、128 孔等，在相同面积上的孔数越少代表穴格越大，孔数越多则穴格越小。穴格大小与预定育成作物的种子大小、植株大小有关系，一般来说，种子越大则苗也越大，需要以较大穴格进行育苗。另外，育苗期越长也建议使用较大的穴格。但通常穴盘不论孔数大小，常见的尺寸为长55～60厘米、宽25～30厘米、高3～5厘米之间。

3. 自制创意居家穴盘

　　居家育苗如果不使用穴盘，也可以运用花盆，或是回收日常生活中可得的各类容器，如装蛋的盒子、保鲜盒、盛装豆腐的塑料盒等，作为播种初期使用。想想看还有什么可以取代穴盘？

创意
1
鸡蛋壳

将蛋壳清洗干净后，填入介质播入种子，给予适量水分，等候发芽。（图中为中国凤仙）

在蛋壳里长成小苗后，可以直接连蛋壳定植到花圃里，但种下之前要把蛋壳敲破一下，有利于根系生长。

创意
2
保鲜盒、饮料杯

使用保鲜盒进行多肉植物播种。

创意
3
浅盆、喜饼盒

使用浅盆进行千日红撒播育苗。

保鲜盒变育苗盘

1. 育苗盘（如盛装豆腐用的容器，或其他的水果保鲜盒）。
2. 介质可使用市售培养土（或自行调配泥炭土、珍珠石、蛭石的三合一介质）、赤玉土（作为表土使用，可用其他细颗粒的蛭石代替）。
3. 镊子、冰棒棍。

 表土层的颗粒大小应与种子的大小相当，如为细小种子，那么赤玉土应选细颗粒的为宜。赤玉土为一种干净不含杂草种子的介质，兼具保湿及透气效果。

具体步骤

1

使用镊子于保鲜盒底部周围平均戳出排水孔。

2

置入培养土，填入八九分满后，将保鲜盒轻轻在桌上震动，让培养土能较为夯实。

3

轻轻放上表土层，再以冰棒棍左右或上下来回拨，除让表土层厚度平均外，还可将介质轻轻压实。

创意 **5**

回收旧纸自制育苗盆

回收较厚的牛皮纸袋、月历、旧报纸等，折一折都可变身成为育苗用的容器。

准备材料与工具

1. 报纸或回收的纸。
2. 300～500毫升的饮料空罐。
3. 订书机、美工刀。

具体步骤

1

报纸裁成A4大小后，以较长那面的1/3向下折。

2

向下1/3处折的部分朝外，并利用玻璃瓶作为辅助，依瓶身旋紧纸盆。

3

瓶罐向后翻，在报纸交界处以食指向内折。

4

依序将报纸沿玻璃瓶向内折。

适用于直播或是育苗期短的作物，如葫芦科的瓜类以及豆科的蔬菜等。直播在自制育苗盆后，待真叶长出 3 ～ 5 片时，连同育苗盆一并栽入菜圃或是大型花钵里，这样既可保有完整的根系，又可避免因取苗时造成根团受损，是居家栽培时不错的选择。

5

折好后压紧，瓶身再翻正，用手向下施力，按压瓶身，将内折的纸压实。

6

于报纸交接缝处以订书机钉合。

7

可以用手向纸盆底部轻轻戳入，使盆子能站立。或使用胶带强化盆底亦可。

8

填入培养土或播种介质八九分满之后即可播种。

撒播、条播及点播

不论您是采用田间直播，还是以育苗的方式进行栽培，都需先播种。播种的方式，依照种子大小及种子成本高低等可分为撒播、条播及点播 3 种。

撒播、条播及点播的比较

 撒播

适于发芽容易、发芽率高及种子细小的植物。常用在直播及大面积的生产，如五谷粮食、叶菜类蔬菜、绿肥作物（如紫云英）及草坪作物等。

优点
1. 最迅速、经济的方式。
2. 不需特别的训练及技术也可操作。
3. 土地利用率高，产生的小苗量较多。

缺点
1. 仅适用于小型种子，使用的种子量大；种子成苗不整齐、密度不一致。
2. 因植株行株距不一，会造成中耕除草及幼苗管理较为困难。
3. 蔬菜栽培时，需再配合假植或间苗，以提高小苗的品质。

条播　　 点播

适于中大型种子或成本较高的种子。

适于大颗粒种子或种子量少且成本高时。

1. 较撒播方式节省种子。
2. 小苗生长较撒播有适当的行距，小苗的质量较高。
3. 具有适当的行距，便于机械操作与田间管理。

1. 播种时有适当的行株与株距，产生的小苗质量最佳，省去后续移植及间苗的作业，后期管理容易。
2. 适用于不耐移植，具有直根系的作物，如红萝卜、白萝卜等。

1. 执行条播时，需视植物的种类计算适宜的行距。
2. 耕地时需做畦或开沟等作业，投入成本较撒播高。
3. 虽有适当行距，但行内的株距不一，也造成小苗互相竞争，需适时进行间拔。

1. 田间直播或大面积栽植时，仅适用于大颗粒种子，或不太移植的植物。小颗粒种子，宜采用条播或撒播。
2. 播种初期的工作量及投入成本较高。
3. 相对于撒播与条播，点播种子用量少，因此相对单位面积的作物生产株数也较少。但点播能提供较合理的行株距，有益于植物生长，对总体的产量影响不大。

🌱 1. 撒播示范

撒播是最容易、粗放的播种方式，操作简便省工，直接将种子均匀地撒于介质表面或是田地的表面即可，适用于发芽容易、发芽率高及种子细小的植物。覆土或不覆土，依种子对光照的好恶决定，发芽对光较不敏感的中性种子或是喜阳性种子均适用撒播。

具体步骤

1

细小种子撒播，如鹅銮鼻灯笼草，可先混入等比例及大小与种子接近的砂粒或赤玉土。

2

小纸片对折后，于育苗容器上以"之"字形来回轻轻抖动，让种子平均播入表土层上。

3

播种2～3周后，种子发芽，待小苗长到3～5片叶，移入穴盘或小花盆再行育苗。

为让小苗生长较一致，可在撒播的盆土表面，铺上一层颗粒与种子大小相当的介质，再行撒播，小苗的育成率会更佳。

如担心播种不够均匀，可混入一定比例的沙土，如1千克种子混5千克砂土，将种子稀释在5倍的沙土中再撒播，可避免播种不均匀的问题。

🌱 2. 条播示范

条播育苗的品质较撒播均匀，种子损耗率较低。适用于中大型种子或成本较高的种子。田间直播时，可视作物需求，依适当的行距先行开沟，再将种子播在沟中即可。大面积栽种的粮食作物及豆类作物，常用条播进行田间直播。需要中耕的作物，也可选择条播的方式进行播种。

具体步骤

1
在备置好的播种育苗盘上，以冰棒棍在固定距离上压出浅沟。

2
将种子平均播入浅沟中。以美人蕉为例，需事先浸种3~5天，待种子膨大再播种。

3
覆上薄土后，充分浇水，再覆以保鲜膜或套入塑料袋保湿。

居家栽花以条播育苗时，可使用较浅的泡沫塑料盘或是保鲜盒。先在浅钵或保鲜盒底部打洞后，置入三合一介质，播种前在介质表面先覆上一层赤玉土或是颗粒质地均一的介质，再以竹筷在表面轻压，压出适当的浅沟后播入种子。

3. 点播示范

　　点播又称"穴播"，指在畦上适当的距离先行开穴，再进行播种的方式。点播能维持植物适当的株距和栽种的密度，最节省种子，适用于大颗粒种子或种子量少且成本高时。田间直播时，具直根性、不耐移植的作物使用点播为宜。现代化农业中多半配合机械播种，直接于田间进行条播或点播作业。通过机械的配合，可准确定出行距或行、株距，精准地播入固定的深度。

具体步骤

1

在播种育苗盆上，平均轻挖出预计播入的植穴。

2

将浸种3～ 5天的种子（以杂交萱草为例），置入后覆土。

3

充分浇水后，标上名字与日期，再置入封口袋内保湿催芽。

栽培小知识：种子要种多深

　　当您采用直播的方式栽培，或是进行大面积栽植时，播种深度上要尤为注意。播种过深，会造成种子发芽延迟，且小苗因根茎及下胚轴伸长，造成幼苗较瘦弱，根系亦不发达；播种太浅，表土易干燥，会造成缺苗或发芽不整齐的状况。

注意

播种宜深的情形：播种在水分不足、沙地、干旱的地区，或播种大颗粒种子
播种宜浅的情形：土壤水分充足的地区，或播种小颗粒种子

栽培小知识：关于种子的播种量

农作物的生产，需要考虑到产量，再决定播种的种子量，合理的密植至关重要，例如：以每公顷栽种几千克的方式来建议生产。相关各种作物播种量建议，可以向种苗公司或是农业科研所等相关机构查询。

播种量如果太少

播种量少于标准的建议量，栽种密度较低，会造成栽作期间易滋生杂草，在除草等管理上会较为费工。虽然密度低，每株作物因为生长空间较充足，单株生长情况佳，但也因为单位面积栽种株数少，总体产量降低。

播种量如果过多

相反的，如果播种量过多，等于栽种密度较高，植株间会因为空间的竞争而发生徒长，除浪费种子之外，也增加间苗或移植的管理工作。徒长后也会造成植物生长势弱，病虫害发生的概率较高，而影响到产量。故进行农业生产时，播种量需严谨考量。

> **注意** 居家栽培花草或是蔬果时，只要在能照顾得宜的范围内，播种的用量相对较少。依据您栽种的空间，如阳台、庭院、花槽等，决定合适的栽种数量即可。

撒播

范例 1

千日红

Gomphrena globosa

科名：苋科

别名：圆仔花

属喜阳植物，日照不足时易徒长或开花较少。为相对短日照植物，故秋冬季容易在植株较小时即开花，品质较差。

干燥后不易褪色，为制作干燥花材的优质素材。

千日红原产于南美洲的巴西、巴拿马及危地马拉等地，同属植物广泛分布于亚洲、非洲、澳洲、北美南部等。

千日红性喜温暖气候，可作为夏季花坛草花，因彩色苞片含水量低，还可做干燥花或花环。花色有紫红、白、粉红、浅紫等，近年以近缘物种杂交获得朱红色或双色品种。千日红也用于传统医疗中，具有帮助排尿、减缓咳嗽、清热等效用。

栽 . 种 . 提 . 示

| 种子取得 | 种植于户外的千日红，因常有蜂蜜等昆虫帮忙授粉，容易结种子，可将干燥花序剪下，揉取出藏于苞片中的种子。 |

| 播种方式 | |

种子大小
2.7毫米

| 日照需求 | |

| 播种适期 | 春季播种，随温度升高及日长变长，夏秋季开花品质较佳。 |

| 种子保存 | 将种子以外的其他花序杂屑滤除，阴干后再冷藏于冰箱中保存。 |

| 发芽时间 | 播种后 10 ～ 12 天发芽完毕。 |

| 播种育苗 | 播种后不需覆土。待小苗具 1 ～ 2 对叶时移入花槽或庭园中，温度低时生长较慢。 |

🌱 种子栽培手记

1

千日红种子较大，可
直接以手作撒播，亦
可点播于穴盘中。

2

播种后13天，子叶
已展开，此时应注意
给水，盆底不可积
水。

3

再经4天，第1对真
叶已长出。一开始千
日红会长得很慢，需
耐心等待。

4

播种后约1个月，因为顶芽被毛虫啃食，而使侧芽冒出来。

5

开花了！千日红为头状花序，黄色部分为其小花。

6

待花干燥后，拨开原先紫色花萼，可看到藏在其中的种子。

撒播

范例
2

胡椒薄荷

Mentha
piperita

科名：唇形花科

定期摘心，并注意给水
是栽培薄荷的不二法门。

叶片具有芳香、甜美前味及清凉的后味。

胡椒薄荷，英文名为 Mint，是绿薄荷（*M. spicata*）和水薄荷（*M. aquatica*）的自然杂交种，原产于欧洲，可多年生长，不耐寒霜。薄荷具舒缓胃痛、胸痛、利尿、止痒、舒缓鼻塞等作用，精油中的薄荷醇是许多化妆品与香水的重要成分。

胡椒薄荷原生于河畔，故喜湿不耐旱，需常保持介质湿润。此外，在介质中添加有机质及多施薄肥，有助其生长。除去开花枝条或定期摘下带 3 ～ 4 对叶的枝条，有助侧枝萌发。

栽 . 种 . 提 . 示

| 种子取得 | 小心剪下干燥花穗，晃动就会有种子掉出。一般薄荷不易结种子，需将异种相邻种植，加上蛾蝶作媒比较容易成功。 |

播种方式

日照需求

种子大小
0.5～0.6毫米

播种适期　春天撒播于犁平的土面，或先播种于小容器中再移植。

种子保存　将种子以外的其他花序杂屑滤除，阴干后再冷藏于冰箱中保存。

发芽时间　于温度 25℃下播种，14 ～ 21 天发芽完毕。

播种育苗　播种后不需覆土，种子发芽期间要维持高湿度。待小苗具 1 ～ 2 对叶时（或视气候的状况）移入花槽或庭园中。天气太冷或光线不足发芽率会偏低，发芽后尽快移到光线充足处。

撒播

范例 **2**

胡椒薄荷

🌱 种子栽培手记

1

种子直接撒播于容器中，不需覆土，充分浇水并保持高相对湿度。

2

大约10天后可见发芽，子叶展开后移除覆盖的保鲜膜。

3

播种第13天，第1对真叶展开。

4

播种后20天，植株已经具有薄荷的样子。

5

假如适逢连续阴雨天，造成
植株徒长，可利用摘心促进
侧枝萌发。

6

将节间过长的枝条，从节位
上0.5～1厘米处摘除，避免
摘除伤口过于接近节位！

7

摘心后带顶芽枝条可继续用
于繁殖，扦插前将末端节位
过长茎段去除，并适当修剪
叶片以减少蒸发作用。

8

整理好的插穗可以插回原盆
器中，或另外寻找适当的盆
器做扦插繁殖。

撒播

范例 **3**

天竺葵

Pelargonium hortorum

科名：牻牛儿苗科

别名：臭叶海棠、臭洋绣球

天竺葵花朵易受乙烯影响而萎凋，可选择单瓣天竺葵种植，花朵凋谢后较易自动脱落；重瓣天竺葵花谢后不易自动脱落，雨季时易发霉，会造成植株死亡。

天竺葵发育中的果实。

　　天竺葵原产于南非好望角附近，生长于炎热、干燥的岩石、沙质土环境中。属名源自希腊文"pelargos"，意为"鹳鸟"，指其果实似鹳鸟的喙。一般的天竺葵具有带状斑叶；另一种蔓性天竺葵（*P. pelatum*）叶片似常春藤叶形。

　　天竺葵非常不耐水湿，须种植于排水良好的介质中，且最好不要摆放底盘，避免浇水后多余的水累积于底盘，造成植株烂根死亡。

栽 . 种 . 提 . 示

| 种子取得 | 当蒴果开始转色干燥时，即可采收果实内的种子，若待果实完全干燥，种子容易因果实开裂而遗失！ |

| 播种方式 |

| 日照需求 |

种子大小
3.5毫米

播种适期	可于夏末初秋天气开始转凉时播种，不过冬季温度低于15℃，或日照不足时会延后开花。
种子保存	将萼片碎屑及子房附属物剔除，阴干后再冷藏于冰箱中保存。
发芽时间	于温度 20 ~ 25℃播种，5 ~ 7 天发芽，但有的发芽时间会长达 3 ~ 4 周。
播种育苗	播种需覆一层薄土或以蛭石覆盖，以光线可透过薄层为佳，种子照光可提高发芽率。若是以穴盘育苗，当植株具有 5 ~ 6 枚叶片时即可移植。

撒播

范例 **3**

天竺葵

 种子栽培手记

1
播种后可利用另一个盆子底部的排水小孔撒上一层薄土。

2
播种后5天发芽，应避免太阳直晒，以免温度过高而降低发芽率。

3
发芽后2天子叶完全展开，形状是圆形，而且毛茸茸的，发芽前后需维持土壤处于潮湿但不积水的状态。

4
12天后第1枚真叶长出来了，摸一摸，令人惊讶的是闻起来有电线烧焦的味道。

5
再经过6天，已看到第3枚真叶。不过因为没有施肥，植株已呈缺肥症状。

6
播种后2个月，施过肥后，叶子稍微恢复成正常的颜色了。

7

播种后约3个月，终于抽出花序，准备开花了！

8

冬季是天竺葵最美丽的季节，定期施肥有助于植株生长与延长花期。

9

花序谢后，应将花梗从基部剪除，尤其是露天种植者，雨天后需清除残花，避免其腐烂发霉导致植株死亡。

撒播

范例
4

松叶牡丹

Portulaca grandiflora

科名：马齿苋科

别名：午时花、太阳花

冬季低温，喜好温暖的松叶牡丹会大量落叶，如未适度节水，便会大量腐烂而亡。冬季应减少浇水并移至避风处，待来年端午节后，取茎顶重新扦插繁殖。

其"亲戚"马齿牡丹，叶片为倒卵形，这在夏季也是另一个吸睛焦点。以扦插繁殖为主。

松叶牡丹原产于南美洲，为一、二年生或宿根性草花，叶片狭长，以种子繁殖居多，有单瓣与重瓣花品系，花朵在下午或阴天时会闭合，而"舞曲（*Calypso*）"和"日规（*Sundial*）"系列在阴天下也能全日开花。

松叶牡丹生长期为夏秋季，为广义的夏季生长型的多肉植物之一。栽培时应注意光线是否充足，除特殊品种外，一般只要光线不足，花开量就会偏少。松叶牡丹十分耐旱怕湿，栽植时宜注意介质的排水性。

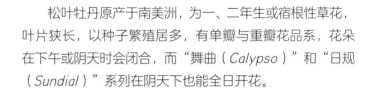

种子取得	花后如有授粉成功，会生成上下开裂的果荚，于果荚开裂前采收即可。
播种方式	
日照需求	

种子大小
0.7～0.9毫米

播种适期	全年均可播种，仅冬季低温可能使种子发芽率及小苗存活率下降。
种子保存	将萼片碎屑、子房附属物剔除，再将种子自果荚中取出，阴干后再冷藏于冰箱中保存。
发芽时间	于温度 20～30℃播种，7～10 天发芽完毕。
播种育苗	播种后不覆土，待苗株具有 6 枚真叶时，可进行移植作业。

撒播

范例
4

松叶牡丹

 种子栽培手记

1

种子极为细小，可以将种子置于已先对折好的纸上。

2

借助纸张将种子均匀地撒播在盆器中。

3

7~10天即可见到已发芽之小苗。

4

隔2~3天已长出2枚真叶。

5

播种后约20天，叶序已明显可看出为互生排列。

6

1个月后，已可见到花芽发育中。

7

开花了！松叶牡丹单朵花寿命仅1天，早上开放，傍晚即闭合。

8

松叶牡丹野外常吸引授粉昆虫为其授粉，但不常见到果实发育。此图为花谢后摘除残花。

撒播

范例 5

彩叶草

Solenostemo scutellarioides

科名：唇形花科

别名：翘蕊花

全日照下叶片呈色最佳，也可种于半日照环境中，但叶片薄而大，叶色较绿。施用肥料可显著促进生长，常摘心可促进侧枝萌发，减少开花浪费养分。

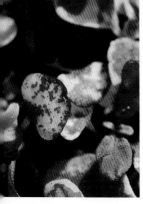

彩叶草子叶有时也会出现美丽的
斑纹，亦是一大欣赏点。

　　彩叶草原产于爪哇，并分布于非洲、澳大利亚、东南亚
热带地区。抗逆性强，在华南全年皆可生长，可用于庭园或
花坛绿化美化。由于少病虫害、维护管理容易，扦插繁殖 7 ~
10 天即可发根完全，是常用的重要草花。

　　商业生产上分为种子系及营养系品种两大类，种子系当
中又可分为小叶系及大叶系两类，营养系品种则叶色叶形多
变且不易开花。

栽 . 种 . 提 . 示

种子 取得	种子系品种容易有自交种子，一般多需有昆虫作媒传粉或人工授粉才会形成种子，品种间杂交种子的产量有时较少。小心剪下干燥花穗，倒着晃动就会有种子掉出。

播种 方式	
日照 需求	

种子大小
1毫米

播种 适期	全年皆可播种，仅温度低时发芽慢、生长差。
种子 保存	阴干后再冷藏于冰箱中保存。
发芽 时间	于温度 20 ~ 24℃播种，7 ~ 14 天发芽完毕。
播种 育苗	应播种于光线充足处，不需覆土。待小苗具 1 ~ 2 对叶时移入花槽或庭园中，温度低时生长缓慢或停滞。

撒播

范例 5

彩叶草

🌱 种子栽培手记

1

7～10天就会发芽，长出半圆形的子叶。

2

第1对真叶展开，此时就可以看见叶斑了！成长中的植株，可以施点肥料，促进生长。

3

叶序为十字对生，茎部形状为四方形。彩叶草生长迅速，很快就可移入盆器中定植。

4

适时摘心可以促进侧枝萌发，使彩叶草的株型更为美观。

5

夏季当植株够大，或遇上一段
时间低温就会开花。准备要开
花时，彩叶草的叶子会变形，
叶形会变得较圆，接下来就可
等待它们抽出花序。

6

俯视抽长的花穗，小花也是
十字对生。

7

小花为蓝紫色，有花蜜，能吸引昆虫帮助授粉，授粉成功后，
约1个月即可采收种子。若想欣赏彩叶草美丽的叶片，则应摘除
花蕾，以减少浪费养分。

撒播

范例
6

罗马洋甘菊

*Spilanthes
acmella*

科名：菊科

别名：西洋甘菊

植株应避免种植过密，否则易招引害虫如蚜虫及粉虱，可使用机油乳剂 50 倍液于阴天喷施。
尽量种植于全日照环境中，介质以排水良好者为佳。

搓揉罗马洋甘菊的叶片，
其会散发苹果香气。

　　罗马洋甘菊泛指菊科家族中一群可帮助睡眠的草本植物，多数原产于欧洲至西亚，少数分布于北美洲或东亚。英文名来自拉丁文 chamaimelon，意指地生的苹果。洋甘菊植株低矮，且搓揉其叶片会散发苹果香气，可作为调味料、花草茶、香水及化妆品原料。

　　洋甘菊可舒缓胃痛、腹泻及帮助睡眠，还可用于抗发炎、杀菌、解除压力等，但孕妇不宜使用，因其会造成子宫收缩及流产。

栽.种.提.示

种子取得	种子藏在成熟的头状花序里。需避免让花序淋水，待干燥后可将花序剥开取得种子。

播种方式	

种子大小
1毫米

日照需求	

播种适期	夏末至来年春天撒播于已经犁平的土面，或先播种于小容器中再移植。尽量种植于全日照环境，喜排水良好土壤，但应维持充足供水。

种子保存	将种子以外的其他花序杂屑滤除，阴干后再冷藏于冰箱中保存。

发芽时间	温度 20 ~ 24℃播种，3 ~ 14 天发芽完毕。气温过高时生长表现略差。

播种育苗	播种后不需覆土，种子发芽需要光线。待小苗具 3 ~ 4 片叶时或视气候的状况移入花槽或庭园中布置。

撒播

范例
6

罗马洋甘菊

 种子栽培手记

1

种子细小、发芽好光，可直接撒播于介质铺平的容器中，不需覆土，再充分浇水或从底部给水。

2

播种时可覆以保鲜膜保持高湿度，待子叶展开后再移除保鲜膜。

3

播种后8天已可看到第1对真叶长出来。

4

第1对真叶完全展开，仔细观察为羽状裂叶。

5

播种后12天，植株们长高、长壮，如果播得太密，可先疏去一些小苗，以利植株未来有够大的空间生长。

6

播种后20天还是太过拥挤，可将过多的小苗部分移植到其他盆器中栽植。

7

采收时直接将整株洋甘菊从基部剪下。若要多次采收，则剪取植株外围叶片即可。

8

采下的洋甘菊可直接搭配色拉作为佐料。或倒挂阴干，再磨碎作为辛香料。

播种密度高时，第1次采收大
株，较小的植株可留下继续生
长，最后采收时直接连根拔起。

条播

白苋菜

Amaranthus tricolor

科名：苋科

别名：蓉菜、荇菜

除了浅绿色的品种，还有红绿色、红色叶子品种，一般称为红苋菜。

　　白苋菜原产于印度或中国南方，为一年生草本植物。属名源自希腊文 amarantos，意为"不褪色"，指本属的花色可以维持极久，仿若永远不会褪色。适合春夏季时栽种，夏天高温下，播种到采收仅需 16 ~ 23 天。

　　苋菜含有丰富的钙质、铁质和维生素 A，营养价值高，又可分为白苋菜与红苋菜，前者叶片黄绿，后者叶片带有红色，茎秆甚至为紫红色，但一般消费者偏爱绿色的茎秆。

栽 . 种 . 提 . 示

种子取得	苋菜授粉靠风来传播，为异交作物。可留下较为强壮的苗株，待花穗干枯后留下花穗里的黑色种子，再轻吹去除杂质。

种子大小
1.2 ~ 1.4毫米

播种方式

日照需求

播种适期	以春、夏和秋天适合栽种，夏天苋菜生长最快，冬天若温度低于 10℃ 则种子不易发芽。
种子保存	将种子以外的其他果荚杂屑滤除，阴干后再冷藏于冰箱中保存。
发芽时间	于温度 23 ~ 28℃ 播种，3 ~ 7 天发芽完毕。
播种育苗	播种前可先浸水 4 小时，而播种后需覆土或覆盖遮光网有助于发芽整齐。子叶长出后可先进行第 1 次疏苗，待真叶 3 ~ 4 枚时再进行第 2 次疏苗，以叶片不互相遮挡为宜。

种子栽培手记

1

用手指或冰棍棒挖出浅浅的沟道以进行条播。将种子平均播入浅沟中。

2

3天后就能看见子叶钻出土表并展开。

3

第6天已经几乎发芽完毕了。

4

如果苗株们太密，不好直接用手疏苗的话，可以用镊子把小苗挑起。

5

第1次疏苗完成，让小苗们
有足够的生长空间。

6

2天后小苗的叶子又互相遮
挡了，此时就再进行第2次
疏苗。

7

第13天，已明显长大，需要
再疏苗一次！

8

播种后20天，叶片已经盖过
盆缘，可以采收了。

条播

范例
2

香菜

Coriandrum sativum

科名：伞形科

别名：芫荽、胡荽、香荽

栽培介质需排水良好，忌连作。叶片 8 ~ 10 片、株高 15 ~ 20 厘米即可采收。

采收后可直接入菜作佐料，或洗净
后将植株梳理整齐，倒挂起来阴干，
再浸泡于橄榄油里。

　　香菜原产于地中海一带及安纳托利亚，为一、二年生作物，株高可达 25 ~ 60 厘米，喜欢冷凉的气候而不耐热。

　　有关香菜的最早记录可追溯至公元前 5000 年的梵文资料中，在古埃及第十九王朝法老拉美西斯二世的棺木中发现有香菜的种子。香菜属名来自希腊文 koriandron，koris 意为椿象，指其叶片及未成熟果实具有恶臭味，果实成熟干燥后异味会消失。相传在汉朝时香菜由西域传入中国，今已成为重要辛香料之一。

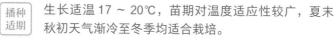

栽 . 种 . 提 . 示

| 种子取得 | 可异花或自花授粉，果实为圆球形双悬果，可在果实即将开裂前取下，果实干燥后会沿中缝开裂，内含 1 ~ 2 粒种子。 |

| 播种方式 | |

种子大小
3~5毫米

| 日照需求 | |

| 播种适期 | 生长适温 17 ~ 20℃，苗期对温度适应性较广，夏末秋初天气渐冷至冬季均适合栽培。 |

| 种子保存 | 将种子以外的其他果荚杂屑滤除，将种子自果荚中取出，阴干后再冷藏于冰箱中保存。 |

| 发芽时间 | 于温度 20 ~ 25℃播种，5 ~ 7 天发芽完毕。 |

| 播种育苗 | 播种前搓揉种子，使果实中的 2 粒种子分开。夏天播种时可先泡水 30 分钟，然后在 20 ~ 25℃保持 3 ~ 4 天，待胚根伸出后再撒播，播种后覆土保持湿润即可，待幼苗出土再浇水。 |

条播

范例 **2**

香菜

 种子栽培手记

1
以手指挖出浅浅的沟道进行
条播。

2
在挖好的沟道里洒上种子。
可先剥开或压碎果壳，以提
高发芽率。

3
约1周即可看见种子已经发
芽了。

4
第10天，子叶打开，顶芽已
可见到小真叶。

5

再过2天，第1枚真叶也已展开。

6

播种后3周，可看出复叶的形状。

7

约30天后苗株长到15～20厘米，即可采收食用。

8

采收时可直接从植株基部剪除，若想多次采收，可从叶柄基部剪除。

点播

范例 1

上海青

Brassica rapa
sp.*chinensis* cv.
Ching-geeng

科名：十字花科

别名：青江白菜、青江菜、青梗菜、汤匙菜

栽种时应注意给水，若缺水，植株会快速老化。夏季栽培的品种若于冬季种植，因遇低温而容易抽薹开花。

肥厚鲜脆的叶梗极具口感，
适合清炒或焯烫食用。

上海青原产于欧洲和亚洲北部地区，属不结球白菜，与小白菜亲缘关系近。其因叶片呈汤匙状而得别名"汤匙菜"。

喜欢冷凉的天气，当温度低于15℃，10～14天即可完成春化作用，而形成花芽开花。冬天种植容易因开花而失去实用价值，故多在温暖的季节种植，目前有耐热的品种供夏季种植。夏季浇水如果过于频繁，或积蓄于叶片上，加上天气潮湿闷热，易感染炭疽病。

栽·种·提·示

种子取得	需有虫媒或人工授粉才会结种子，授粉后待果荚转黄即可采下阴干，果荚开裂后即可收得种子。

播种方式

日照需求

种子大小
1.5毫米

播种适期	四季均可种植，但因冬季容易抽薹开花，以春末至秋初温度较高时较适宜。
种子保存	将种子以外的其他果荚杂屑滤除，阴干再冰存于冰箱冷藏室。
发芽时间	于温度20～25℃播种，3～7天发芽完毕。
播种育苗	播种后需覆薄土，撒播时待植株具1枚真叶时进行第1次疏苗，2～3枚叶片时进行第2次疏苗至每株间隔10～15厘米；若为穴盘育苗，当子叶展开即可疏苗及补苗。

点播

范例 1

上海青

🌱 种子栽培手记

1

上海青发芽率很高，用镊子戳洞后，每个洞丢入1~2粒种子并覆土。

2

3天后，子叶展开啦！

3

子叶展开后即可进行疏苗及补植的作业。

4

用镊子小心地把补植苗根部塞入事先挖好的洞中。

5

11天后，第2枚真叶也长出来了，已可以看到汤匙的形状。看叶色有点缺肥，是需要好好补充肥料了！

6

若在光线不足的地方放太久，下胚轴会较长，可等移植时再作处理。

7

移植时需把下胚轴完全没入介质中，以免植株长大后倾倒。第3枚真叶也已经出现类似汤匙凹陷的形状。

8

播种20～30天后，或待35～40天株型呈现束腰形，叶片8～12枚时，已可采收。

长春花含有生物碱，具有毒性，所以若碰伤植株沾到乳汁，请记得清洗干净，切勿误食。
夜温低于16℃时，植株生长受抑制、叶片黄化，温度低于10℃时则易受寒害而死亡。

点播

范例
2

长春花

Catharanthus roseus

科名：夹竹桃科

别名：日日春、四时春、日日新、日日草

可以采下成熟干燥开裂或尚未开裂
的果荚，取出种子播种。

长春花原产于马达加斯加至印度一带，在当地作为治
疗心脏不适的药草。因其非常容易栽培与繁殖，在许多热
带或亚热带地区已经蔓延遍地。

长春花为多年生草本植物，花色鲜艳且能持续开花，
为华南地区夏季最重要花坛植物之一，但也常因潮湿闷热而
感染疫病死亡，而蔓性种长春花则较耐淹水环境。全年可开
花，性喜温暖的环境，植株缺水时叶片会反卷甚至掉落。

种子取得	容易自交结种子，当果荚转色干燥时拨开果荚，把种子收起来即可。
播种方式	
日照需求	
播种适期	耐热不耐冷，适合于春末至夏季播种种植。
种子保存	将种子自果荚中取出，阴干后再冷藏于冰箱中保存。
发芽时间	于温度 20 ～ 25℃播种，7 ～ 10 天发芽完毕，更高温如 30℃有助于种子发芽。
播种育苗	可以直接撒播或播于穴盘中，播种后须覆薄土，当穴盘苗具 2 ～ 3 对真叶以上时即可定植。

种子大小
2～3毫米

点播

范例
2

长春花

种子栽培手记

1

播种约10天已见子叶展开。

2

长春花于夏季高温下生长快速，冬季相对生长缓慢许多。

3

当穴盘苗具有2对叶片或形成根团时进行移植。

4

形成根团时可轻松将植株从穴盘中取出。

5

当植株具有6对叶片即转入生殖生长，可摘心促进分枝。

6

当植株过大时，可定植于直径约16厘米的盆中，避免因水分供给不足而叶片反卷掉落。

7

花谢后果荚开始发育，花朵干枯残留在果荚前端。

8

露天栽培下常因蝶蛾类昆虫授粉产生种子。

平地应于夏末前播种，以避免短日照的情况下，植株还小就开花。虽然波斯菊耐贫瘠，但植株在缺肥情况下，会提早开花且生长势较弱、侧枝少，故应适当施用肥料。

点播

范例

3

波斯菊

Cosmos bipinnatus

科名：菊科

别名：大波斯菊、秋英、大春菊、考斯慕士菊、上海菊

波斯菊原产于墨西哥，为一年生草本，属名源自希腊文 kosmos，为"漂亮、美丽"的意思，指其花色纯洁、美丽且鲜艳。

波斯菊为景观绿肥植物之一，常见用在二期稻作采收后，适合秋、冬及早春播种。而另一种黄波斯菊（*C. sulphureus*）的舌状花花色则有淡黄、金黄或橘红色。波斯菊为相对短日照植物，短日照下较早开花且可持续开花，长日照下需要长更大才会开花。

栽 . 种 . 提 . 示

| 种子
取得 | 容易采集种子的草花品种之一，种子就藏在成熟的头状花序里，从植群中选择最强壮的几株，在花朵凋谢后尽量避免让花序碰水或淋雨，待干燥后取得种子。 |

| 播种
方式 | |

种子大小
8～12毫米

| 日照
需求 | |

| 播种
适期 | 秋、冬及早春播种。晚春或过了清明之后再播种，会因日照变长导致开花时间延迟；又适逢多雨、潮湿的气候而生长不佳。 |

| 种子
保存 | 将种子以外的其他花序杂屑滤除，阴干后再冷藏于冰箱中保存。 |

| 发芽
时间 | 于18℃播种，发芽需8～14天；于21～22℃播种，发芽需7～10天。 |

| 播种
育苗 | 可点播育苗，需覆土，待长出5～6片叶再移植，或以直播方式播入大面积田间。 |

点播

范例
3

波斯菊

🌱 种子栽培手记

1
将种子较为细长的一端朝上
插入土中。

2
播种后2天，种子已发芽并
突出介质表面。

3
3天后子叶已打开，此时要
尽快将植株移入全日照环
境，不然植株会严重徒长。

4
播种11天后，第1对真叶已
经展开，为羽状复叶。

5

播种后约1个月，植株已经
要开花了，长日照条件下波
斯菊会比较晚开花。

6

波斯菊为典型菊科花型，外
围粉红色部分为舌状花，仅
有雌蕊；内围黄色部分则为
管状花，具有雄蕊与雌蕊。

小面积栽培

可使用育苗的方式，播种时宜覆土，并将芽点朝下插入土中，待植株具
5～6片叶时，再移入花槽或庭园中布置。

大面积栽培

可将田地先行耕耘并充分灌溉之后，再以直播方式播入田间。为避免种子
密度过高，可将种子以1：5的比例混入沙土，即1千克的种子对上5千
克的沙土，混合均匀后再进行撒播；混合沙土的倍数越高，种子的密度就
越低。

黄秋葵

Hibiscus esculentus

科名：锦葵科

别名：秋葵、羊角豆

夏季栽培时应注意植株勿过密，可适时修剪分枝增加通风与光照。
若为高性品种宜立支架，防止因强风吹拂而倒伏。

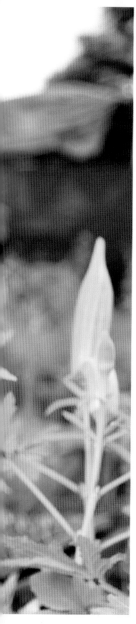

　　黄秋葵原产于非洲埃塞俄比亚、埃及及中美洲加勒比海一带，性喜温暖、高温的气候，耐湿亦耐旱，但不耐寒，当温度低于14℃会有叶片黄化、落花、果实畸形等症状。黄秋葵依果实有无棱角可分为棱角种及圆角种；依果实颜色分为淡绿种、绿种及红果种，亦有高性种与矮性种之分。

　　黄秋葵主要以采收幼嫩蒴果为主。开花后4～6天，果实长6～8厘米，重12～20克即可采收。一般可以2～3天检查并采收1次，才不会错过最佳的采收时机！

栽.种.提.示

| 种子取得 | 开花后待果荚转褐色，轻拨开果荚即可得到一粒粒的黑色种子。 |

| 播种方式 | |

| 日照需求 | ☀ |

种子大小
4～5毫米

| 播种适期 | 温暖的春夏两季最适播种。 |

| 种子保存 | 将种子自果荚中取出，阴干后再冷藏于冰箱中保存。 |

| 发芽时间 | 于温度20～30℃播种，4～7天发芽完毕。 |

| 播种育苗 | 将种子先浸泡于40～50℃水中1天后，可直播于田间，或先以穴盘育苗，待植株形成根团且尚未盘根时进行定植作业。 |

❧ 种子栽培手记

1

成熟开裂的果荚中，可见成熟种子，将种子收集起来。

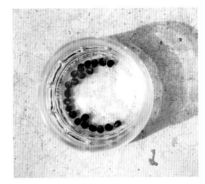

2

种子先浸泡于温水中1天，使种子吸足水分再播种。

3

以穴盘进行育苗，播种第4天，子叶刚展开，具有茸毛。

4

播种7～8天，第1枚真叶出现，可见到红色的子叶叶柄。

5

播种第11天，第1枚真叶完全
展开，也可见第2枚真叶。

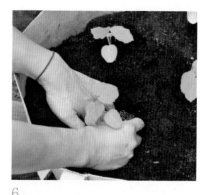

6

直径约33厘米的环保植树袋
可以种1～3棵，种得越密，
植株越早开花，但会长得比
较小，产量也较少。

7

黄秋葵开花了！

8

开花之后4～6天，黄秋葵长
至6～8厘米即可采收，勿等
果荚再长一些才采收！

点播

范例
5

红莴苣

Lactuca sativa var. crispa

科名：菊科

温度高于 25℃，发芽率会急速下降。
直播时，播种后 35 ～ 45 天即可采收；若为
移植的大苗，定植后 25 ～ 35 天即可采收。

莴苣为一、二年生草本作物，其拉丁文名中的"lac"为牛奶之意，指其含有乳汁。

莴苣可细分为结球莴苣、叶莴苣、半结球莴苣以及嫩茎莴苣。而红莴苣为叶莴苣的一种，叶莴苣性喜冷凉、干燥的气候，生长适温为18～25℃，高于30℃会促进开花。红叶莴苣叶片上红色的斑块为花青素累积，于低温、强光等环境中有助于花青素的形成。

栽 . 种 . 提 . 示

| 种子取得 | 多半不自行采种，如为自行留种，可于花后采集成熟近干枯的头状花序，再分离出种子。 |

种子大小
4毫米

| 播种方式 | |
| 日照需求 | |

播种适期	四季均可播种，将种子撒播或条播于已犁平的土面，或先播种于小容器中再移植。
种子保存	将种子以外的其他果荚杂屑滤除，种子阴干后需保存于冷藏室。种子细小质轻，避免于风大处处理。
发芽时间	于温度15～25℃播种，3～5天发芽完毕。
播种育苗	播种后宜覆薄土。待小苗具1～2枚真叶时疏苗或移植到大一点的盆子，若要定植于田间，可等植株具有5～6枚叶片再行定植，每株间距为10～12厘米。

点播

范例
5

红
莴
苣

种子栽培手记

1

先将介质以竹签挖个小洞后丢入2～3粒种子，播种后把小洞填满。经过2～3天开始发芽。

2

第1枚真叶长出后，可先行把弱病株除掉，并补植健康的小苗。

3

第10天，第2枚真叶开始显现花青素的颜色。

4

17天后叶片越来越红，已有3枚真叶。此时根系已完全抓住土球，需移植到大盆。

5

20天左右因为遇上连续的阴雨天，红斑都褪掉了。

6

再过10天，红叶莴苣又开始合成花青素而染上淡淡的红晕。

7

播种后45天已接近成熟采收期，染上淡淡红妆的样貌具有观赏性。

8

因寒流来袭，连续几天低温，根域受限的莴苣抽出花序准备开花了。

点播

范例
6

白玉苦瓜

Momordica charantia

科名：瓜科

别名：锦荔枝、癞葡萄、癞虾蟆、凉瓜

{ 苦瓜根系发达，喜欢湿润但不耐湿，如果积水容易造成根部腐烂，使叶片枯黄甚至使植株死亡。 }

利用指甲剪轧开种皮，小心别将种子轧碎了，也可不轧开种皮直接播种。

白玉苦瓜为一年生蔓性草本植物，我们吃的苦瓜是其幼嫩的果实，果实成熟时由绿或白转为橙黄或青橙黄色。

苦瓜的苦味最主要来自于奎宁，许多人不喜欢吃，但苦瓜维生素 B_1 和维生素 C 含量高，粗纤维素是其他瓜类的 1 ~ 3 倍，因此可以刺激肠胃蠕动，加速排除体内毒素及降低胆固醇，是非常好的食物。苦瓜性寒，具有去火、清心、明目功效，但脾胃虚寒者不宜多食。

栽·种·提·示

种子取得	雄花与雌花开花时间不同，当雄花开花时遇上低温会无花粉，可在其开花前一日的傍晚采下，置于温暖处（25 ~ 30℃）并遮光保湿保存，待隔天花开即可进行授粉作业，才能进一步结出苦瓜，取得其中的苦瓜种子。

播种方式

种子大小
1.2~1.4厘米

日照需求

播种适期	发芽适温为 30 ~ 35℃，生长适温 20 ~ 25℃，生殖生长时以 25 ~ 30℃且日照充足时结果率最高。
种子保存	以阴干或置入防潮箱中等方式，让种子干燥 1 ~ 3 天，再存于冰箱冷藏室。
发芽时间	3 ~ 10 天发芽完毕。
播种育苗	将种子剥除种皮，浸水 6 ~ 12 小时，点播于育苗盆中，保持介质湿润，当苗株长至 4 ~ 5 片真叶即可定植，勿在雨天定植，定植后可以多施点氮肥，有助于植株生长。

点播

范例
6

白
玉
苦
瓜

🌱 种子栽培手记

1

将种子点播于报纸做的育苗盆中，先用手指头戳个洞，再放进种子。

2

8天后子叶连同真叶一起突破土表，小小的真叶十分可爱。

3

播种后第11天，第2枚真叶也已经展开。

4

第16天，已经展开4枚真叶，还遭到毛毛虫啃食。

5

第20天已经长出卷须，此时要赶紧定植。

6

定植后赶紧浇水并立棚架，棚架立法可参考第138页小莱豆。

7

定植后1周，植株生长速度变快些，再等上1个月左右就会开花。

8

苦瓜会先开雄花后开雌花，雌花开放后应立即套袋，防止瓜实蝇危害果实，并可使果实洁白。

点播

范例
7

樱桃萝卜

Raphanus sativus

科名：十字花科

别名：20日萝卜

种植过密，肉质根不易膨大。
不必施加追肥，若氮肥含量过高，
主根易空心、畸形较多，宜选用松
软、透气性佳的介质栽培。

生长快速，可于播种后 20 日收成，故又名"20 日萝卜"。

　　樱桃萝卜的根及叶均可食用，很适合做生菜色拉，根部有红、紫、绿、白及红白镶嵌等不同的变化，球茎形状有圆形、扁圆形、长椭圆形及长形等。

　　栽培适温 15 ～ 25℃，温度越高，辣味越浓、纤维也较多，反之则越甜，纤维少。栽种时若水分变化大，主根易裂开。膨大期若缺水，则辣味增强及纤维增多；但水分过多，土壤通气不良，根表皮纤维增多，会导致食用品质下降。

栽·种·提·示

| 种子取得 | 待果荚转淡褐色即可采下，打开即可收得种子。 |

| 播种方式 |  |

种子大小
3～3.8毫米

| 日照需求 | |

| 播种适期 | 11 月至翌年 3 月均可播种，夏季因温度过高不适合栽培。 |

| 种子保存 | 将子房附属物等杂质剔除，阴干后再冷藏于冰箱中保存。 |

| 发芽时间 | 种子发芽适温为 20 ～ 25℃，2 ～ 5 天发芽完毕。 |

| 播种育苗 | 以直播法较为适宜，若先育苗再移植，容易因移植时伤到根部，导致主根膨大时畸形。株距为 5 ～ 8 厘米较适宜。 |

点播

范例 **7**

樱桃萝卜

🌱 种子栽培手记

1

用手指头戳洞，因为樱桃萝卜发芽率高，所以每个洞只需播入2～3颗种子。

2

2天后种子已发芽，小苗已突出土表。

3

4天后几乎都发芽完毕了，可以把弱小的苗疏除淘汰。

4

播种后8天，已经长出第1对真叶。

5

第12天已经长到约10厘米高。

6

如果看到红色的下胚轴裸露，
要赶紧覆土至全部盖住，不然
主根会无法肥大。太晚覆土则
可能会长出地瓜形状的萝卜。

7

樱桃萝卜生长快速，播种后
22天，可准备采收。

8

再过7天，已看到红色的樱桃萝
卜露出土表，可拔起采收。

点播

范例
8

粉萼鼠尾草

Salvia
farinacea

科名：唇形花科

别名：修容绯衣草、蓝花鼠尾草

尽量种植于全日照环境中，喜排水良好的土壤，但应维持充足供水。
播种后1个月即可摘心，以利分枝及增加开花枝。

白花粉萼鼠尾草。

　　粉萼鼠尾草原生于美国得克萨斯州一带，为一、二年生草本植物。性喜温暖、阳光充足的环境，最怕又冷又湿的天气。属名源自于拉丁文 salvus，有疗护、健康、平安之意，这是因为鼠尾草属植物多具医疗功能，但粉萼鼠尾草比较少人拿来入药。

　　而其拉丁名中"farinacea"是"粉状的"意思，指的是其花茎及花朵披有茸毛，远远看过去像是有层薄粉洒落其上。粉萼鼠尾草的花色有蓝、紫、白色和蓝白双色。

栽.种.提.示

| 种子取得 | 粉萼鼠尾草不易结种子，即使有昆虫作媒传粉或人工授粉结子率也不高，为 30% ～ 60%，可待花穗干燥后取下搓揉花萼，种子即会掉出。 |

播种方式

种子大小
1.5～2毫米

日照需求

| 播种适期 | 春、夏季先播种于小容器中再移植。 |

| 种子保存 | 剔除种子以外的雌蕊附属物即可得到种子，以阴干或置入防潮箱等方式先干燥 1 ～ 3 天，将种子自果荚中取出，阴干后再冷藏于冰箱中保存。 |

| 发芽时间 | 播种后 7 ～ 10 天发芽完毕。 |

| 播种育苗 | 播种后不可覆土，种子发芽期间要维持高湿度，种子吸饱水后表面会产生一层胶状物质，不可让其干掉，否则发芽率会降低。 |

点播

范例 **8**

粉萼鼠尾草

🌱 种子栽培手记

1

每穴格可播3～6粒种子，不必覆土。新鲜的种子2～3天就会发芽，种子吸饱水后会有胶质包覆。

2

4天后子叶已经展开了。

3

播种后11天，第1对真叶已经长出来。

4

有时会见到畸形的小苗，如1个节位上具有3枚叶片，在商业化种植中常会疏除，但自己种着好玩也能留着观察。

5

在小苗盘根之前移植，一般11~13厘米盆种1株刚刚好。

6

粉萼鼠尾草需要全日照环境，若长势过于虚弱，可能会无法顺利开花。

7

播种后50~60天已可见花苞，如果这段期间光线不足，花苞容易消蕾。

8

如果希望同时看到多个花序，可提早摘心或在主花序开得差不多后摘除，以促进侧花序的生长。

点播

范例
9

孔雀草

Tagetes
patula

别名：臭芙蓉、臭菊、千寿菊

科名：菊科

应尽量种植于全日照环境中，喜好排水良好的土壤，但应维持充足供水。夏季若遭遇高温，花蕾易畸型或中途夭折，且高温下花朵会比较小。

外形相近的万寿菊，花径比孔雀草较大。

万寿菊的花苞与孔雀草相比，顶部稍微下凹，外形像具圆弧角的正方体。

　　孔雀草原生于墨西哥及南美洲西部，为一年生草本，有单瓣、半重瓣及重瓣，花色为黄、橙及红色系。因叶片边缘具会分泌不好闻的特殊气味的腺体，故又以"臭菊"称之。

　　另一种常与孔雀草混淆的是万寿菊，一般而言，最简单的区分方法是孔雀草花径较小（2～5厘米），单朵花可能有两种颜色；而万寿菊花径较大（5～10厘米），且单朵花仅有单色。

栽.种.提.示

种子取得	种子藏在成熟的头状花序里，因此应避免让花序淋水，待干燥后可将花序剥开取得种子。
播种方式	
日照需求	

种子大小
8～9毫米

播种适期	春、秋、冬均能播种，播种到开花约需3个月，当植株具有2对叶片时即可进行定植作业。
种子保存	将种子以外的其他花序杂屑滤除，阴干后再冷藏于冰箱中保存。
发芽时间	于温度20～25℃播种，3～5天发芽完毕。
播种育苗	播种需覆土保湿，待小苗具2～3对叶片时，可视气候状况移入花槽或庭园中栽种。

点播

范例
9

孔雀草

🌱 种子栽培手记

1

播种时把没有毛的部分朝下
插入介质中。

2

2天后孔雀草就发芽了，非
常快速。

3

6天后可以看到很小的第1对
真叶，此时可以将植株移入
全日照环境下。

4

11天后第1对真叶完全展
开，将植株种植于全日照下
可避免植株徒长，或每天轻
拂苗株顶部，以物理性方式
使苗株矮化。

5

定植时应注意介质pH（应维
持在6.0～6.5）不要过低，
否则容易出现铁毒害症状。
可从叶片是否黄化、坏疽或
向下反卷来判断。

小贴士 孔雀草对高pH介质也很敏
感，当介质pH过高时，其
根系生长受影响，下位叶易
黄化，开花数也会比较少。

6

孔雀草即将开花前，花瓣会
先突出花萼，此时也别有一
番景致，令人期待。

7

冬天短日照下可以加速其开
花，全日照环境下可增加花朵
数与开花速度。

生长适温为 4 ～ 13℃，高温会导致节间延长，长势变差，花径也变小。喜充足光线，长日照下较早开花，开花数也较多。

点播

范例
10

三色堇

Viola × wittrockiana

科名：堇菜科

别名：猫儿脸、猫脸花、人面花

三色堇的另一近缘品种为香堇菜，花朵较小，带有清香，也常见于秋冬季的花坛中。

三色堇原生于欧亚地区，为一、二年生草本植物，市面上流通的大多是杂交种，花色缤纷而艳丽，是温带地区受欢迎的秋冬花坛植物，亦可做切花使用。

三色堇花瓣上的斑纹特殊，看起来仿佛一张脸，因此又有"猫脸花""人面花"的别名。除了花瓣边缘平整的品种以外，还有边缘呈波浪状的品种，别有一番风采。

栽 . 种 . 提 . 示

| 种子取得 | 三色堇为虫媒花，果荚成熟时花柱端会转而朝上，开裂成 3 瓣，种子易弹射散落。在果荚朝上而尚未开裂时套上小袋子，即可收集种子。 |

播种方式

日照需求

种子大小
2~3毫米

| 播种适期 | 因三色堇生长适温较低，入秋后温度转凉时播种为佳。 |

| 种子保存 | 将种子自果荚中取出，阴干后再冷藏于冰箱中保存。 |

| 发芽时间 | 播种后约 10 天发芽。 |

| 播种育苗 | 种子须于黑暗中发芽。可将种子播于湿润介质后，以打湿的报纸覆盖盆器口，遮光的同时还保湿，发芽后应取下报纸并移至光线充足处。 |

点播

范例
10

三
色
董

🌱 种子栽培手记

1

将种子置于介质上，不必覆土，浇透介质。

2

以报纸将穴盘盖住，使种子见不到光，并将报纸喷湿以保湿。

3

播种1周后，当种子胚根突出，即可移除报纸照光。

4

播种后15天，当苗株再大一些即可移入全日照环境，避免植株徒长，也可以开始施薄肥了。

5

当已具有2～3枚真叶或根已经长满穴盘应立即移植，否则生长缓慢甚至停滞。

6

移入直径10厘米盆后生长快速，和7天前相比大上一倍。要避免太晚移植，以免株型瘦弱。

7

定植后约1个月即可见花苞。

8

定植后约1个月即可看见花芽。温度越低，三色堇的花朵越大，最大直径可以超过10厘米。

点播

范例
11

甜玉米

Zea mays
var. rugosa

科名：禾本科

别名：玉米、玉蜀黍

甜玉米种子购入时已经过杀菌粉衣处理，常见外覆一层粉红色的药剂，直播时不需经浸种催芽。

　　甜玉米原产美洲，为禾本科一年生的草本植物。玉米、小麦及水稻三者，同列为全世界排行前3名的粮食作物，是重要的粮食及淀粉来源。

　　甜玉米与普通玉米最大的不同是淀粉含量少，甜度高，可作为蔬菜食用，在美加地区为大众化的蔬菜之一，鲜食之外也能制成各类玉米罐头。

栽 . 种 . 提 . 示

种子 取得	无法自行取得，需通过一定的种植数量及专业的采种，才能保持甜玉米品种的纯正性，自行留种的甜玉米质量会下降。
播种 方式	以田间直播为主，或以点播育苗后再定植。
日照 需求	
播种 适期	栽种甜玉米，分为春作及秋作2期，春作以2~3月间播种，秋作则于8月下旬开始播种。
种子 保存	市购回来的种子，如播不完置于冰箱中冷藏，寿命可达3~5年。可取适量回温后再播种。
发芽 时间	7~14天。
播种 育苗	以点播方式育苗，再定植到田间，或在田间以条播方式直接栽种。

种子大小
5~8毫米

种子栽培手记

1
购自种苗行的甜玉米种子，经粉衣处理，外表为淡红褐色。

2
使用自制育苗盆，作为育苗容器。

3
使用镊子或徒手将每个纸杯容器栽入2～3颗的种子，深度1～1.5厘米。

4
播种后充分浇水，4～5天后，种子已开始萌芽。

5

播种后7~10天发芽完毕，待芽长到3~5枚叶片时，将育苗盆一同定植到田间。

6

定植后栽培期间，应视小苗生长的状况，进行中耕除草及覆土1~2次，将新生且裸露在空气中的根覆土，能让玉米生长得更好。

小贴士

甜玉米种在田间要种多密？

田间栽培时以条播方式为主，可开浅沟深5~8厘米进行田间直播，行距保持85~90厘米之间。穴播时，株距以25~30厘米为宜，每穴播入2~3颗种子。直播后待小苗长成3叶时进行间拔，留下最强壮的苗后略行覆土及施肥。

施肥与浇水量？

生长中期及开花前再补充磷钾肥，有利于开花及植株的强健。花期灌溉要充足，避免干旱，如花期发生干旱，产量将会减半。在花期干旱会造成花粉发育不良或雄花无法顺利开放。

种多久可以收成？

播种至采收需经3~4月的栽种时间。甜玉米栽培时，密度不可过低，如只是居家栽培3~5株常因授粉不良，造成果穗发育不充实，常见只有几粒果实或是果穗不饱满。

怎么判断玉米成熟了？

甜玉米采收要领为视玉米须开始由白色转为咖啡色时，用手触摸果穗，确认玉米粒发育的状况后，决定是否摘取。过晚采收则甜度降低，果皮也变厚而导致口感不佳。

点播

范例 12

百日菊

Zinnia elegans

科名：菊科

别名：百日草、步步高

花朵凋谢后应及早摘除，并适时修剪以利侧枝萌发，促进下一次的开花。夏天高温应注意随时补充水分，若严重缺水，植株下半部叶片易黄化。

另一种和百日菊相近的小百日草。

百日菊原产于墨西哥，为一、二年生草本植物，是阿拉伯联合酋长国国花。百日草的舌状花花色以红、桃红、橘、粉色为主，亦有黄、鹅黄及白色等花色，花瓣有单瓣与重瓣变化，且单一花朵寿命长，为华南地区秋冬季常见花坛植物之一。

百日菊耐旱、耐盐，但花朵不耐淋雨，亦不耐淹水。和其相近的小百日菊较百日菊耐白粉病和其他疾病，但对根腐病相对较敏感。

栽·种·提·示

种子取得	花后可采集其干枯的头状花序，再分离出种子。

播种方式	

种子大小
7～8毫米

日照需求	

播种适期	百日菊性喜高温，可于春、夏两季播种，冬季低温生长较差。
种子保存	将萼片碎屑及子房附属物剔除，阴干后再冷藏于冰箱中保存。
发芽时间	最适播种温度为 20 ～ 25℃，3 ～ 7 天发芽完毕。
播种育苗	播种时需覆薄土，待小苗具 3 ～ 4 对叶片时，可视气候状况移入花槽或庭园中栽种。

点播

范例
12

百日菊

🌱 种子栽培手记

1

将种子播种于穴盘中，需覆土。注意芽点要朝上，插好后压入介质中即可。

2

播种5天，种子已发芽。

3

发芽后4天，可以看到第1对真叶长出来了。

4

发芽后11天，第1对真叶已完全展开，并可见第2对真叶。

5

若嫌植株单一茎秆太过孤单，可以多栽植几株秆同一盆中，或摘心促进分枝，让植株看起来更茂密。

6

快开花时，萼片会先一片片打开，刚打开的样子也十分美丽！

6

多施些肥料也可促进百日菊增加分枝数及花朵数，肥料可以选择高氮磷肥。

小菜豆

*Phaseolus
limensis*

别名：皇帝豆、细绵豆、雪豆、白扁豆

科名：豆科

收后应立即冷却以降低果荚呼吸作用，剥下的种仁则须注意保湿，避免豆荚或果实迅速失水与老化。

　　小莱豆原产于中南美洲，为一年生或多年生植物，种名 limensis 意为"利马市（Lima）的"，因西班牙人于秘鲁利马市发现而得名，另有小豆种。

　　小莱豆性喜温暖，收获期为 11 月到翌年 5 月，1 ～ 3 月为盛产期。小莱豆虽然为豆科植物，但固氮能力弱，比莱豆需更多氮肥，定植时可下较多基肥以利生长。生长期间可适度摘心，促进侧蔓腋芽抽花穗。

栽 . 种 . 提 . 示

| 种子取得 | 豆科作物大部分为蝶形花，属于自交作物，当果荚转褐色、干燥，即可取其种子。 |

播种方式

日照需求 ☀

种子大小
2.3 ～ 2.5 厘米

| 播种适期 | 8 月到 9 月下旬。 |

| 种子保存 | 将种子自果荚中取出，阴干后再冷藏于冰箱中保存。 |

| 发芽时间 | 3 ～ 7 天，有浸水者可缩短发芽时间。 |

| 播种育苗 | 播种前先将种子浸水数小时，播种深度 2.5 ～ 5 厘米，当幼苗长到 20 ～ 30 厘米或根部形成根团时即可进行定植作业。 |

点播

范例 **13**

小菜豆

🌱 种子栽培手记

1

将泡完水的小菜豆播种于利用报纸折叠的自制育苗盆中。

2

大约5天后看到下胚轴突出土表，再过不久就可看到子叶啦！

3

再经过3天，初生叶已展开。

4

再隔5天，新生叶已可见三出复叶的形状。

5

当叶片有2～3对时，或株高约20厘米即可定植。

6

植株主茎开始缠绕时立支架，以八字法固定藤蔓才不会伤到植株。

7

定植立支架后植株生长快速，3周后已经爬到支架顶端了。

8

花形为蝶形花，旗瓣为图中淡绿色部分，翼瓣（成对突出者）与龙骨瓣（花朵中央）则为白色。

9

果荚于幼嫩期已经硬化不能食用，当果荚饱满、变软，但尚未软化时为采收适期。

第三章

趣味种子
变森林

　　将种子栽在美丽的盆器中，形成一片绿意小森林，是居家播种中最容易实现的一项播种体验。不花大钱，只需利用吃剩的水果种子或是捡拾各类林木的种子，经适当栽培后，短则一个月，长则半年、一年，就能变出一盆盆耐阴性佳、观赏性高，还能净化室内空气的盆栽。

　　培养种子盆栽的过程里，看见种子萌发，展现的生命姿态是一种喜悦；但怎么配盆，怎么种，能让种子盆栽变得更有观赏性，也是一种美感的考验。除了这些，趣味的种子森林，更是既绿化居家又省钱的妙招！

从果树、林木的种子开始

果树及林木的幼苗，在自然界中常生长在大树下，这些小苗必须经过一段漫长等待阳光的日子。可能是台风吹断了大树枝，也可能是大树受到其他动物或病虫的危害，原本浓密的树冠层破了洞，让阳光洒了进来，小苗才有机会长成大树，填补树冠层的空缺，这正是自然界里演替的过程。于是，各类木本植物的幼苗，与生俱来耐阴的好本领，适合栽植成种子盆栽欣赏。

 耐阴的木本植物幼苗，适合栽植为种子盆栽。

品尝过水果的美味之后，善用这些不要的种子，就能种出一盆盆兼具美观及实用的种子盆栽。

利用火龙果的种子，就可种成窗边的绿意小森林。

为了达到盆栽美观效果，种子预措（种子播种前处理的方式）就相当重要，目的是希望栽下的各类果树或林木种子能够一致发芽，展现出丰盛的生命力。

最常用的处理为**浸种**，平均浸泡 5 ~ 7 天；棕榈科的种子则要更久，目的在于一使果皮及果肉易于清除；二让种皮能够软化，胚能吸到水分。浸泡期间长短得视植物不同而不同，一般是 5 ~ 7 天，短则 2 ~ 3 天，待种皮胀裂或胚根微露时为最佳播种时机。

有些借水传播的水飘性种子，如棕榈科植物，要半个月至一个月不等；有些因为生理性休眠的种子，还需要更长期的预措处理，使用**层积法**的方式催芽，可缩短发芽的时间。

 浸种的期间，切记天天换水或改以浸润方式，避免种子因缺氧无法呼吸而发酵腐坏。

龙眼
龙眼种子浸种至种皮微微开裂，有利于发芽整齐。

榄仁
适度浸泡可以软化榄仁的种皮。

牛油果
大种子的牛油果，浸泡至发根后，再进行砾耕上盆的作业。

种子盆栽

范例 1

大型种子——

龙眼

科名：无患子科

别名：桂圆、福圆、牛眼

新芽为红褐色，但常有白化苗产生，使得龙眼的种子盆栽的叶色有红、白、绿等变化，十分好看。此外，冬、春季时，同为无患子科的台湾栾树，似蕨类叶片的复叶，栽成种子盆栽，观赏性高。

栽.种.提.示

播种方式		日照需求	

播种适期	夏、秋

长成时间	经破壳及浸种的处理，播种后 2～3 周间可出苗，约 1 个月后便有 1 盆美丽的龙眼种子盆栽。

🌱 种子栽培手记

1
龙眼种子浸种至种皮微微开裂，有利于发芽整齐。

2
将种子点播或平均放置在盆土表面。种脐朝上或朝下均可。

3
在种子上放置一层颗粒状矿物介质，作为覆土用，并可以隔绝有机物，防止蕈蚋滋生。

4
经10~14天后，开始萌芽。

5
经21~30天后，开始萌发红色的新叶。

6
45天后，种子盆栽已成小绿林，后续管理只需定期浇水。

种子盆栽

范例 2

中型种子——

蜜柚

科名：芸香科

芸香科果树的种子盆栽，除了鲜绿之外，轻轻碰触，叶片上的油胞会释放出特有的气味，满室生香。

栽 . 种 . 提 . 示

播种方式		日照需求	

播种适期	秋、冬

长成时间	去除种皮后播种，播种后 2～3 周，蜜柚种子就能变成小森林盆栽。

🌱 种子栽培手记

1

食用蜜柚时，顺便收集
备足需要的种子量。

2

浸水后，种子会分泌胶状
物质，待种皮已软化，再
将外种皮剥除干净。

3

去除外种皮的种子可直
接播种，或约略浸泡半
天或一天。

4

备好喜爱的盆器、已去除
种皮的蜜柚种子及沙砾。

5

将盆器填入八九分满的
培养土后，依喜爱的密
度，将种子一一植入，
如不清楚发芽的位置，
将种子横置亦可。

6

再将沙砾平均地铺盖在
种子上，除了保湿、美
观之外，还可以防止蕈
蚋入侵。

7

可直接以底部浸水的方
式培养至发芽。

8

或使用封口袋保湿，
直到种子发芽。

9

播种后30 ～ 45 天的蜜
柚种子盆栽。

种子盆栽

范例
3

小型种子——

番石榴

科名：桃金娘科

番石榴原产于美洲，约 300 年前引入中国台湾，是维生素 C 含量高的果实。心部的种子带有大量果肉，需先浸泡 2 ~ 3 天后再清洗；或选用已经黄熟的番石榴，可直接清洗种子。其他浆果，如木瓜、火龙果亦可照此处理。

栽 . 种 . 提 . 示

播种方式		日照需求	

播种适期	四季均可，但以秋、冬季的番石榴果实品质佳。选取成熟的番石榴果实，取其不要的种子来制作种子盆栽。
长成时间	10 ~ 14 天种子开始萌芽，30 ~ 45 天就有漂亮的番石榴种子盆栽。

🌱 种子栽培手记

1
收集不吃的番石榴心，先浸泡2～3天，以利果肉的清洗。若为黄熟的番石榴，果肉较易清除。

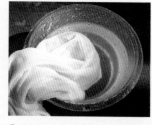

2
利用网袋或硬质纱网清洗种子，以搓揉方式去除果肉。

3
以水选方式进行种子筛选，清洗干净的种子会下沉，带果肉的则会浮在上层，重复搓洗上层带果肉的种子。

4
清洗至完全没有果肉的残留。

5
利用报纸阴干种子。

6
将容器填入八九分的介质，并充分浇透后备用。

7
平均地撒播上种子。

8
盖上薄薄的小石砾，或细颗粒的矿物介质，以杜绝蕈蚋滋生。播种后用塑料袋或覆上保鲜膜保湿。

9
10～14天种子开始萌芽，30～45天就成为漂亮的番石榴种子盆栽。

种子盆栽

范例
4

乔木种子——

小叶榄仁

科名：使君子科

别名：细叶榄仁、非洲榄仁、雨伞树

　　小叶榄仁为落叶大乔木，原生于非洲东南部的马达加斯加，1966 年由吕锦明先生引入台湾省。因其树形优美、容易繁殖、生长快速，而被大量栽植，现已遍布全台湾，并被选为台东的县树。除作为庭园树、行道树等景观用途之外，其果皮还可作为染料。

栽 · 种 · 提 · 示

播种方式		日照需求	
播种适期	春、夏		
长成时间	11 ~ 20 日		

🌱 种子栽培手记

1
将果肉已分解完毕的种子平铺于介质表面。

2
可在播种后铺一层矿物介质，或于发芽后再铺上，避免滋生蕈蚋。

3
小叶榄仁的子叶刚长出来时，是旋转着展开。

4
播种11天后已长满容器，此时是最可爱的时候。

5
约14天可见真叶长出，其形状、质地与子叶差很多，可多加观察。

6
播种20天后，真叶有缺氮肥症状，可以补充液肥救急，并加上缓效性肥料增加观赏寿命。

 捡拾树下果肉已自然分解的种子，比新鲜的种子更易发芽，可将种子直接平铺于介质表面。若是新鲜的种子，则需费工以钳子将新鲜种子的种皮破开，帮助种子吸水发芽。

种子盆栽

范例
5

砾耕种子——

牛油果

科名：樟科

别名：鳄梨、幸福果、酪梨、奶油果

　　牛油果原产中美洲墨西哥及智利等地，台湾省主要产地在中南部，为台南麻豆的特产之一。牛油果为浆果，内含有一颗大粒种子，待果肉成熟后很容易剥离种子，不过牛油果种子一旦暴露在空气中，会渐渐失去发芽能力，故种子取出后应立即播种。

栽·种·提·示

| 播种方式 | | 日照需求 | | 光线较充足时，幼苗节间较短，种子盆栽的株型较强壮些。 |

播种适期　在台湾省四季均有生产。牛油果的大型种子便于砾耕及水耕栽培。

长成时间　8～9周

🌱 种子栽培手记

1
从成熟的牛油果中取出种子并充分清洗，种子尖端朝上、基部浸水，每周换水。浸泡2~3周后，牛油果种子已发根。

2
在碗中先放入约1/3的发泡炼石。如无发泡炼石，其他的矿物介质亦可。

3
将已发根的牛油果种子轻轻放上去。

4
再填入些许发泡炼石。平时视发泡炼石的含水量，添加或更换水分。

5
砾耕1~2周后，开始萌发新芽。

6
牛油果砾耕小盆栽成品。

小贴士 大型的种子或造型奇趣的种子使用砾耕或水耕，可增加栽培趣味。以清水或含高水分的石砾，就能养出奇趣的水耕种子盆栽。市售常见的水耕种子盆栽有：椰子、棋盘脚树等。大型种子的特色是有大胚乳或一对大型的子叶，提供种子发芽初期的养分，可欣赏发芽初期的嫩绿及旺盛的生命力。

自制健康美味的 豆芽

豆芽菜是中国老祖宗的生活智慧，其营养价值极高。古代便将黄豆芽晒干制成黄卷入药，宋朝时期开始食用鲜豆芽；元朝时出现豆芽一词，更有"绿豆，生白芽为蔬中佳品"等文字的描述。到了明朝，因豆芽菜去头尾，留下胚轴部位，状似如意金箍棒，得名如意菜。

 居家栽豆芽一点都不难，养豆芽不需要土地、特别的设施，只要注意水分的更换及补充，在室内也能养。豆芽是一种经济又实惠的蔬菜。多则2周便能栽出营养又安全的豆芽。

将豆科种子浸水后发芽，以其幼嫩的胚轴作为蔬菜食用，即为豆芽菜。市场最常见的是绿豆芽、黄豆芽、豌豆芽、蚕豆芽、苜蓿芽等。

🌱 发豆芽的要点

　　豆芽菜的维生素、叶酸、微量元素含量丰富，重要的是热量不高。想要种出鲜美的豆芽菜，有5个关键点。

使用有机豆子栽培出营养的豆芽菜。

1. 豆子的选择很重要

豆芽菜栽培的时间短，应选购健康有机的豆子。在浸泡后，先将发育不良或偶见碎粒或有缺损的种子挑除，避免影响日后生产豆芽的品质。

2. 使用多少的种子量

不论何种栽培方式，豆芽种子的用量应以栽培容器体积的1/10～1/8为宜。豆子在成长的过程中，会生长到10倍大，所以在栽培时，应先计算使用的豆子量，如1升的容器，使用的豆子重量应100～120克。

适量的种子密度：在豆芽发育过程中，会因为彼此竞争空间及其自身重量的压力，产生适量的乙烯（一种气态的植物激素），让胚轴变得肥胖粗短。但若使用的重量不足，豆芽菜则会较为细长一些。

豆子在成长的过程中，会生长到10倍大，所以容器要预留成长空间。

3. 充分浸种

豆芽菜浸种的时间会因为季节而有不同，冬季浸种的时间可以拉长，夏季可以缩短。建议浸种的时间在6～8小时即可。

 小贴士

利用45～50℃的温水（略高于体温、稍微烫手的水温），至少浸种30分钟，可有效去除种子外部附着的细菌，避免豆芽生长过程中不必要的被侵染，还可缩短发芽时间。

4. 避光处理

为了让豆芽长得白白胖胖，发芽过程中应将其栽植在避光处，或使用牛皮纸套、纸箱等加以覆盖，让豆芽在暗的环境下发芽生长。

5. 勤换水

一天至少换水2次，更换时需把水加满后再沥干，如在夏季生产豆芽一天至少要更换3次水。换水可去除种子发芽时产生的废物及其他不必要的物质，也可保持湿润，让豆芽的生长更顺利。

如为生食或担心换的水不够干净，可使用饮水机的温水或冰水。温水使用在冬季，让豆子在生长适温下发芽；冰水则用在夏季或温度略高时，可以去除豆芽呼吸时产生的热量。

 小贴士

为了让春、夏、秋、冬都能种出豆芽菜，居家最简便的方式就是种在冰箱里，一年四季都是15℃的环境，换水次数可变少，还可以避光，缺点是发芽速度慢，生产豆芽时间较长。您也可以试试浸种后，栽种豆芽的前2～3天在常温下进行，到了4～5天后再移入冰箱，以此来调节豆芽的产量及产期。

居家发豆芽

创意 1 | **用杯子来发红豆芽**

　　利用有盖的马克杯也能种豆芽，小分量的豆芽菜生产在办公室也能进行。视豆子种类有些可以生食，有些只要略略汆烫后凉拌就能食用。

具体步骤

1

红豆浸种。

2

浸种约8小时后。

3

置入马克杯里，每天换水2~3回，将水加满再倒干。

4

培养5天后，根系长出滤杯外，红豆芽也够长了，剪下后简单料理就能食用。

创意
2

用瓶罐来发绿豆芽

使用收集到的各种玻璃瓶罐就能孵豆芽，既节省空间又环保。

具体步骤

1

准备好豆子、瓶罐、纱网。瓶口大小适中，以便于将豆芽掏出的口径为宜。

2

将绿豆置入瓶内后清洗干净，再注入40~50℃温水浸种。

3

浸种6~8小时后，将水倒出，再使用纸套套住避光培养。

4

勤换水，一日换3回，将水加满再倒干，培养3天后，换水的过程中可以闻到豆香味。

5

培养7天后，就有白白胖胖的绿豆芽了。

6

自产的绿豆芽，虽带有根，但下胚轴一样白白胖胖的，吃起来有甜滋滋的好味道。

创意 3 用茶壶来发黄豆芽

　　茶壶也是栽豆芽的好帮手，便于换水及豆芽的采收，建议使用 1 升以下的茶壶。以 1 升的茶壶为例，栽种 100 ~ 120 克的黄豆。

具体步骤

1

准备好茶壶与非转基因的黄豆。

2

将豆子置入茶壶中充分清洗，洗净后以温水浸泡。

3

浸泡6 ~ 8小时，黄豆已吸足水分而粒粒饱满。如发现碎粒或缺损的豆子要挑除。

4

培养1天后，黄豆开始长根，每日换水2 ~ 3次，应将水分沥干，避免发酵产生异味。

5

在室温下，栽培6天后，黄豆芽已经长成。

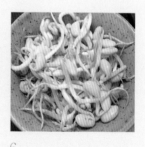

6

取出黄豆芽，清洗后去除种皮即可烹饪。

第四章

种子采集、处理与播种

想想看，当您吃完龙眼后，把种子留下来，这就是一种采集种子的方式，简称"采种"。您可能看过长辈们栽扁蒲或丝瓜，都会刻意留下一只长得最大又最壮的瓜，作为采种用的瓜，除提供明年栽种用的种子以外，还能做成水瓢或丝瓜络等。俗谚"食饱无留种"就暗喻做事不瞻前顾后的态度。

居家采种或自行留种最大的好处就是不必再花钱买种子，只要一些简单的处理程序及注意留种的要领，便能有源源不绝的种子，年复一年地栽种下去。留种和采种就像一场选拔大会，每年都要选择最强壮或是最美丽的植株，留下它们的种子，作为日后栽培种子的来源。这些长得最美最壮的植株，是当年度生长得最好、最具适应力的植株，因它们保有最好的基因组合，它们的种子也具备最适应在地气候的能力。

过往的农业时代，家家户户都会留种，以应对来年栽培的需要，时至今日极度分工的社会多半不再留种，直接向各大种苗公司采购种苗，因此选购的种苗并不适应自然栽种的方式，又或必须在较精致管理的环境下栽培。自然农法盛行的年代，从自留种开始，经过一代又一代选拔留下来的种子，除为您省去采购种子的费用外，这些种子还具有更强健的适应力，让您栽种时更省时、更省力。

居家采集
种子要领

采种前应简单区分一下，栽种的植物结出的果实是干果还是浆果。两者处理方式在采收及清理的过程中会有些不同，但共通的要领是，采取的种子应来自强健的母株，选取成熟的果实。

菊科植物较易采种
种子就在开放、干燥的头状花序中。常见自行留种的菊科植物有大波斯菊、黄波斯菊、金毛菊、皇帝菊。

🌱 干果的采种

产生干果的植物，在成熟时不具有多汁的果肉，且种子常是直接外露或是包覆在果荚内；成熟时种子容易脱落。

 常见具有干果的植物科别有：禾本科、豆科、菊科、百合科、唇形花科、苋科、十字花科、芦荟科、大戟科、苦苣苔科、美人蕉科、石蒜科等。

干果的采种程序

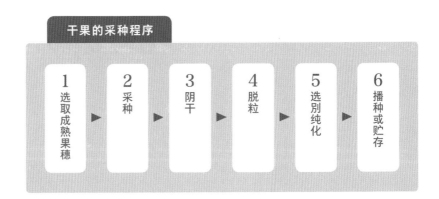

1 选取成熟果穗 ▶ 2 采种 ▶ 3 阴干 ▶ 4 脱粒 ▶ 5 选别纯化 ▶ 6 播种或贮存

藜科：台湾藜

1

选取成熟果穗

当台湾藜叶开始转色，叶片开始凋落，或果穗部分开始转为咖啡色时为采种时机。其他如禾谷类或豆科植物采收方式类似，但成熟果穗及果实的选择略有不同。在田间可多次采收成熟种子或果荚。

2

采种

少量栽植时，可选取田间强壮的植株3~5株，使用纱袋罩住其成熟的果穗，防止鸟类取食。若只能一次采收，则应60%~80%的种子（果实）成熟后一次采收。

小贴士

种子易脱落的植物，在种子脱落前为采收期。下雨则不进行采收。居家可以直接摘取或剪取。大量采收可以堆叠，但需要时时翻动种子，以利干燥。

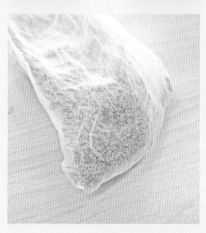

3

阴干

待全株落叶后，果穗部分转为咖啡色，可将果穗剪下来，置于通风处，进行阴干。或使用35℃的烘箱进行种子的风干。

小贴士

家庭式的采收可将成熟的种子、果荚或整串摘下，量较多时砍下整株吊起来进一步干燥。若量多叠放地面时，要经常翻动以便均匀干燥。

4

脱粒

少量采收可以用手搓、脚踩方式进行脱粒，大量时可使用机具或车压等方式脱粒。易脆种子如甘蓝、豆子等压力不要太大，以免受损。数量多时要使用脱粒机。

5

选别纯化

干果种子，视种子的大小，可使用风选及过筛方式纯化种子。简易风选的方式，即将种子置于白纸上，用嘴轻吹去除质地轻的杂质及重量较轻的种子。如为大颗粒的种子，可以直接选别，去除畸形及发育不良的小种子。

6

播种或贮存

选别后的种子可以直接播种。如为贮存可再次干燥，让种子水分降低，然后置于低温干燥环境中贮存即可。

浆果的采种

浆果类的植物，即果实含水量较高，种子会包覆在多汁的肉质果肉中，如西瓜、葡萄和番茄等。

小贴士 常见的具有浆果的植物科别有：葫芦科、茄科、葡萄科、蔷薇科、仙人掌科、石蒜科、西番莲科、番木瓜科等。

蓝莓　　　　　　　树葡萄　　　　　　　百香果

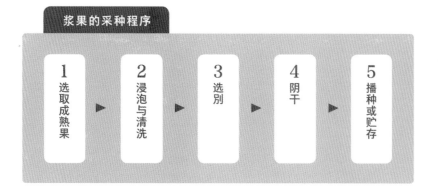

浆果的采种程序

| 1 选取成熟果 | 2 浸泡与清洗 | 3 选别 | 4 阴干 | 5 播种或贮存 |

示范植物　茄科：鬼椒

1

选取成熟果

有成熟可食的浆果即可采收。成熟时果肉组织会略呈半透明，黄色果皮会开始变软。如无法确切判定，当黄色果肉开始皱缩或开始干燥时采收亦可。

 小贴士

有些瓜果类具后熟现象，由外观判断，如：果实转色、变软、散发香味等。可先采收果实保留一到数周后，待种子后熟时再取出种子。大量采收时，可用机器压碎果实。

2

浸泡与清洗

鬼椒辣度很高，取出种子清洗时，需戴上手套。

 小贴士

视浆果的类型不同，有些具有半透明的外膜，如木瓜、百香果、火龙果等，外膜应清除干净。有些浆果种子可直接浸泡 8 ~ 12 小时后，将水倒掉即可移除果浆，留下干净的种子。

 小贴士

如种子具有透明外膜或果胶，可使用纱网或过滤用的筛子清洗去除外膜及果胶。如种子不具外膜者，可使用无纺布、丝袜等，将种子轻微搓洗直至干净。

3

选别

以水选方式进行选别，做法是将清洗后的种子浸在水里；去除外膜后种子会沉于水里，将漂浮在水面上发育不充实的种子，或颗粒畸形、过小的挑除。

4

阴干

将选别后的种子放置于白纸上阴干。如要保存种子，可将种子置入含干燥剂的密闭容器中，再行干燥；或使用小型防潮箱协助干燥。

5

播种与贮存

如要播种，种子阴干后就可以进行播种。如要贮存，干燥的程度与包装方式会影响贮藏时间长短。种子如能贮存于低温、干燥的环境中，可延长寿命。

如何选留下强健且纯正的种子

做自行留种时，不一定需要年年采种。种子在低温、干燥环境下可以保存 3 ~ 5 年，如果第一年采种量足够，保存的方式及贮存条件恰当，一次采种的量便足以供应 3 ~ 5 年的种植所需。

自行采留种也不能随意而行，否则会发生种出来的小苗生长不佳，或是发芽不整齐，及开出来的花色不对等问题。

留种须挑选苗圃里长得最壮、生长势最强健的植株作为采种株，留下它们饱满健康的种子，并且注意不能混杂其他品种。所以，留种前要做到隔离、保持基本种植数量，以及去伪去杂，以维持品种特性。

要领1　隔离

为了避免混到其他的品种或是品种混杂的结果，在采种田可以运用时间、空间及物理性的隔离，让种子品质能更加纯正一些。

时间的隔离：

与附近的植物错开花期，便能避免与其他品种花粉混杂的问题。留种时可以早点种或晚点种的策略，使它们花期不在同一时间，那么就可以预防其他花粉的干扰，保持品种的纯正性。

空间的隔离：

同一种的植物很难错开花期，所以不要把它们种在留种的植物附近；或是在留种的植物附近栽植其他的植物作为隔离，避免受到其他品种花粉的混杂。但隔离距离要多远，就得视植物而有不同的要求，自交作物隔离的距离较短（例如莴苣 3 ~ 6 米即可），异交作物间隔的距离较长（例如菠菜需要 1 ~ 3 千米）。

物理性的隔离：

　　使用网袋或纸袋罩住，避免混杂其他品种的花粉，或避免其他授粉昆虫的接近，就可以防止花粉的混杂。通过物理性的隔离，可以省去空间不足，在强壮的单株上就能直接采种。

高粱的采种
在采种田选定强健的个体，套上网袋进行留种。

向日葵的采种
选定最大朵的花序，以网袋套住的方式进行留种，还可避免被鸟类及昆虫的取食。

要领2　基本种植数量

　　居家的留种或趣味栽培时，较不需注意作物的基本种植数量。但在专业采种时，要注意到每个作物的采种量及母本的种植数量。例如玉米专业采种时，至少要采种200株，才能保留该品种的优良特性，因此专业的采种田，玉米要栽植500～600株以上或更多。

要领3　去伪去杂

　　去伪去杂意指在采种前于采种田或是田间，先一步淘汰掉生长不良、植株矮小或已经劣化、具不良特性的植株。此外，还要拔除不同品种的植株，以避免采种田受到其他花粉及劣质基因的污染，从而保持优良的品种特性。

　　去伪去杂可进行数次，且在开花前为宜，一旦发现不良植株便立即拔除。蔬菜类的留种则不必去伪去杂，只需在采收时选择优良的个体，或只留下较优良的植株，待种子成熟时再采收。

小贴士　**自交作物**
可在开花期前先标记或选拔出优良的个体再留种。在开花的后期套上网袋或纸袋，收集及采取标定个体成熟的种子即可。

异交或常异交作物
开花前进行去伪去杂的工作，可事先去除不良植株，防止花粉及基因的影响。留下优良植株族群互相授粉，待种子成熟后再采收。

> **植物小知识**
>
> **自交作物**
> 　　自然杂交不超过 4%，自花可授粉产生种子的植物称为自交作物。这类植物常在开花前即已经完成授粉、授精。
>
> **异交作物**
> 　　异交作物指自然杂交率超过 50% 的植物，常见于同株异花、雌雄异株作物的植物。自交后会发生自交弱势，即后代生长不佳或无法发芽等情形。

如何延长种子保存的寿命

采种后不久就要播种的种子，只需简单阴干，不必特别处理。但如果要延长种子贮藏寿命，种子在采种之后、保存之前，需经过再干燥与包装等过程。

种子采收后，要经过清洁、纯化种子及阴干等步骤，这期间种子含水率较高，不利于种子贮藏，所以还需进行种子干燥。一般常见栽培作物的种子，只要降低种子的含水率，即可延长种子的贮存寿命，且含水率越低，贮藏寿命越长。

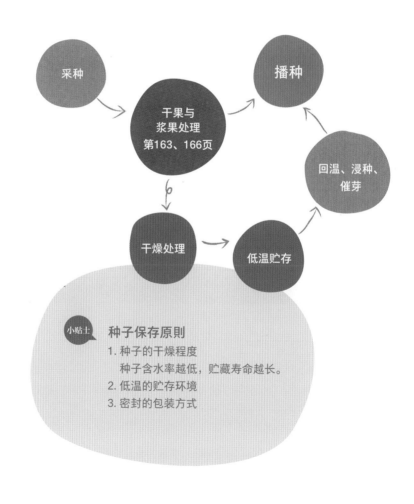

采种 → 干果与浆果处理 第163、166页 → 播种

回温、浸种、催芽

干燥处理 → 低温贮存

小贴士　种子保存原则

1. 种子的干燥程度
   种子含水率越低，贮藏寿命越长。
2. 低温的贮存环境
3. 密封的包装方式

居家种子再干燥的方法

　　种子采收后，居家进行种子的保存，可采用除湿机、防潮箱及干燥剂，协助种子的干燥。

除湿机与防潮箱的运用

1
将种子置于相对湿度为40%~50%的防潮箱内。

2
数日后，种子相对含水量即可降至适合保存的范围。如在相对湿度50%的环境阴干种子数天，种子含水率会降到5%~7%。

3
将种子与干燥剂密封冰存于冰箱中，种子寿命可维持1~3年。

 小贴士　干燥温度不宜过高，约35℃以下的温度风干种子为宜。切忌以暴晒方式干燥，否则会造成种子死亡或失去发芽力。

干燥剂的使用

1
把阴干后的种子包装在纸袋或纱网中，置入含有干燥剂的密闭容器内，防止外部湿气进入。

2
视种子的大小及种类，大多封存7~10天，种子含水率可降低至10%以下。

 小贴士　建议使用可重复利用的硅胶干燥剂，完全干燥时它呈现蓝色，受潮后会转为粉红色。呈粉红色的干燥剂放入烤箱烘烤，恢复为蓝色后即可再次利用。

密封包装与低温贮藏

完成再干燥的种子，应密封保存。居家可依每次或每年需要的播种量，用纸袋、可密封的铝箔袋分装成小包装，放入可密封的广口玻璃瓶、罐，可加盖的铁盒、茶叶罐，并放入一包干燥剂，再将盖子盖紧，于瓶口处封上胶带后，置入冰箱中保存。等到播种时，取出的种子需先回温，再进行浸种、催芽、播种等程序。

不论使用玻璃瓶、封口袋或可密封的铝箔袋，都应清楚标注采种时间、地点，并注明植物名称或品种。

种子干燥后置入整理箱或瓶罐中，再放入一包干燥剂，置入冰箱贮藏。

干果较易贮藏，只要一般干燥后，种子含水率约在10%。例如杂粮作物的玉米、高粱等，不需要特别干燥即能保存。可使用网袋、麻袋及厚纸袋简易包装，避免放置在潮湿、高温的环境下保存。

种子的贮藏特性表

种子贮藏寿命与贮藏方式，和种子的类型有关。

	正储型种子	异储型种子
贮存特性	耐干燥，种子含水率低于5%时仍具有活力。贮藏寿命会因温度降低及含水率降低而延长。这类种子只要在干燥、低温环境下保存，寿命很长。	多数是短命种子，寿命常不超过一年。相对于正储型种子，异储型种子不耐干燥，当种子含水率降到30%～60%时，种子活力降低，有些敏感的种类除了不发芽也会死亡。含水率低到12%～31%以下时，种子易衰败死亡。除了不耐旱外，对于贮藏温度也敏感。异储型种子在层积或以湿藏等湿润环境下保存，贮藏温度宜10～15℃之间为宜。
代表性植物	针叶树的松科、杉科、柏科；阔叶树，如赤杨、枫香、黄连木、台湾栾树、光腊树等。这类林木种子储存时应将含水率降至3%～7%，密封保存在-20℃的环境下，它们的活力与寿命可维持百年以上。	热带的林木或果树为多，如木棉科的美国花生、无患子科的龙眼、漆树科的芒果、桃金娘科的莲雾、芸香科的果树等。

温带异储型种子	热带异储型种子	中间型种子
不耐干燥，但可耐4℃以下的低温。这类种子可以层积或湿藏的方式，保存于0～4℃下。	不耐干燥与低温，若在15℃以下的温度保存，短期内种子就会死亡。	与正储型种子类似，种子含水率的降低贮藏寿命延长；含水率在9%以上，且温度在1℃以上时，贮藏寿命因温度降低而延长。对零下温度极为敏感，一旦贮藏温度低于0℃时，贮藏寿命就会缩短。
壳斗科和多数樟科植物。	毛柿、银叶树、兰屿木姜子、红树林等。	番木瓜科的木瓜、茜草科的咖啡及棕榈科的油棕等。樟树、榉木及原生的枫树多产此型种子。进行保存时种子含水率应降到6%～12%间，贮藏温度应在4～15℃之间。

采集播种

范例
1

君子兰

Clivia sp.

科名：石蒜科

别名：剑叶石蒜

{ 性喜冷凉的环境，在台湾省北部或中低海拔环境栽植易见开花。 }

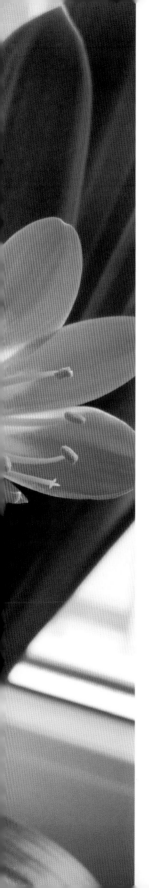

常见的为橘色
花品种。

君子兰产自南非，为多年生草本植物，原生在潮湿的林荫地，株高约 45 厘米，花色视品种有红、橘、黄、白等，花期为冬、春季，还具有甜甜的香气。

常见的为橘色花品种，茎部短缩加上叶序的基部合生形成假鳞茎，具有肉质的根。君子兰耐阴性佳，叶色浓绿且四季生长，即便不开花，对生的叶序也具有观赏价值，更有园艺选拔的斑叶品种，让君子兰花叶皆美。除播种繁殖外，亦可分株繁殖，常在花后进行。选择生长旺盛的植株自盆中或花坛中小心取出，勿伤及根部，去除土壤后自假鳞茎处切开，每株应带根系，再新植于盆中或花坛。

栽 . 种 . 提 . 示

种子取得	花后结果，待果实转为鲜红色后为采收适期。
播种方式	
日照需求	
播种适期	春、夏季之间。
种子保存	宜鲜播，种子不易保存。
发芽时间	20 ～ 45 天。
播种育苗	点播育苗为佳。

种子大小
8～10毫米

采集播种

范例 1

君子兰

🌱 采集种子

1

花期

君子兰花期集中在冬春季，为虫媒花，需借由虫媒授粉后才能结果。

2

结果期

进入春、夏季，自然花期结束时，可见大量红色的果实。

3

采收期

果实成熟后，即可采收，去除红色的种皮可得到种子。

🌱 播种记录

1

将种子平均播种于直径10厘米的盆，略覆薄土即可。

2

以透明的直径10厘米盆底盘，倒扣在盆面上，形成小型的温室空间，提高湿度。

3

播种后30～45天，在种子胚孔处，可观察到胚根突出萌发。

4

播种45天后，观察到第一片子叶抽出。

5

播种60天后，有些生长势较快的种子，第一片子叶完全伸展，可对其进行第一次的假植。

6

播种后小苗，可先移入（假植）直径约7厘米的盆内进行育苗。以小盆换大盆的方式来栽培君子兰。播种的实生苗在栽培3～5年后可成株开花。

采集播种

范例
2

垂筒花

*Cyrtanthus
breviflorus*

科名：石蒜科

别名：火烧百合

"火烧百合"是直译于英文名"Fire lily"而来。非洲干燥炎热，常会有野火发生，在大火过后还是一片荒芜，许多植物未恢复生机时，垂筒花会自地表抽出花梗绽放，因而得名。

成熟转黑色
的果荚。

未成熟的绿
色果荚。

　　垂筒花产自南非，为多年生常绿球根植物。株高 20 ～ 30 厘米，花梗于冬、春季时，自地下鳞茎抽出，长筒状花，略带香气，花色以橙红色最为常见。

　　垂筒花喜好光照充足环境，春、秋、冬季可全日照，夏日需移至树荫或遮阴环境，避免强光直射。若光照不足花开较少，叶片、花梗也会徒长。可以在春季花谢后分株繁殖，每 2 ～ 3 年将垂筒花分盆一次，除更新介质，也能让生长过于拥挤的球茎得到充分生长的空间。

栽 . 种 . 提 . 示

种子取得	花后结果，待果荚开裂后采收黑色膜状种子。
播种方式	
日照需求	
播种适期	春、夏季之间
种子保存	宜鲜播，种子不易保存。
发芽时间	7 ～ 10 天
播种育苗	经 2 ～ 3 年的栽培，实生的小苗可成熟开花。苗期可利用移植及适当施肥方式，缩短幼年期。待苗株的球茎生长拥挤后，再行移植。除栽植于光线充足环境外，应给予磷、钾较高的肥料，以利球茎的生长。

种子大小
3～5毫米

采集播种

范例 2

垂筒花

🌱 采集种子 & 播种记录

1

垂筒花于冬季花期结束后，会产生大量果荚。

2

果荚成熟前，会由绿色转为黄色，但以果荚开裂后，即时采收为宜。

3

轻如纸质的黑色种子，借由风力传播。发育不充实的种子会比较小片，且中心未膨大。

4

使用撒播育苗。将种子平均地撒播于方形育苗盆钵里。

5

播种后3~4周，种子已发芽完全。

6

待小苗长到3~5片叶后，再移植一次，移入直径约27厘米的盆。

7

移植后给予充足基肥（苗期除氮肥外，应补充磷、钾肥）。视生长状况再次移植。经2~3年即可成株开花。

8

经2~3年的栽培，实生的小苗可成熟开花。

采集播种

中国凤仙

Impatiens
balsamina

科名：凤仙花科

别名：指甲花、小桃红、金凤花

古时候的妇女就捣取中国凤仙花的花瓣汁液，用于指甲染色，所以又名"指甲花"。

凤仙花属植物，其中一瓣花萼形成囊袋状，末端细长，称之为距（Spur），距的底部有花蜜，吸引昆虫帮忙授粉。

中国凤仙原产于印度、中国、马来西亚等地，为凤仙花科一、二年生草花。台湾省中低海拔及各地乡间都很常见。长椭圆或广披针形叶、互生，叶有细锯齿缘，株高20～60厘米不等，具肉质茎。

花色丰色，但常见有红、紫、粉、白等色，亦有重瓣品种。花朵腋生，凤仙花科的特征于花冠后方具长距的构造，内含蜜汁用以吸引授粉媒介。其因蒴果外形状似未成熟的桃实，又称"小桃红"。

栽.种.提.示

| 种子取得 | 花后结蒴果，种子成熟后轻碰果荚，种子即会弹出，种子呈黑褐色，为典型自力传播的代表植物之一。 |

种子大小
2～3毫米

| 播种方式 | 可直播 |

| 日照需求 | |

| 播种适期 | 中低海拔山区，春播、秋播皆宜，但在平地栽培时，应以秋播为佳，因冬、春季中国凤仙花开放得较佳。 |

| 种子保存 | 取得种子后，可将种子略微阴干，或置入防潮箱中贮存一周后，再将种子存入封口袋中，注明采收日期及贮存日期，置于冰箱中冷藏，寿命3～5年。 |

| 发芽时间 | 7～14天 |

| 播种育苗 | 将采收后的种子，使用穴盘进行点播育苗，亦可运用蛋壳为盆器进行育苗。介质平铺后，先将介质充分浇透，再将种子置入盆器中，可略覆土。 |

采集播种

范例 3

中国凤仙

 采集种子

1
花后30～40天，中国凤仙花的蒴果膨大渐渐成熟。

2
成熟开裂前的蒴果，可见种皮的接缝处开始转色，此时轻碰果荚会开裂。

3
开裂的种荚，果实色泽为咖啡色至黑色之间。能开裂的果荚即表示种子发育成熟。

🌱 播种记录

1-1

使用蛋壳作为育苗的容器，以直播育苗的方式，填入介质充分浇水后每个蛋壳置入1～2颗种子，微覆土即可。

1-2

或是以条播方式进行初期的播种，播种后7～14天可见到发芽。

2

播种30～40天后，待苗长到5～6片叶，可定植于直径约27厘米盆中，或栽于直径10厘米盆行一次假植育苗，待根系生长完全后再定植。

3

定植于直径约27厘米盆内。2周后植株明显长大。

4

定植后30天，已经接近成株，株高40～50厘米。

5

播种后80～90天后开花。

采集播种

范例
4

鹅銮鼻灯笼草

Kalanchoe garambiensis

科名：景天科

别名：鹅銮鼻景天

种子略具休眠性，早春播种
则发芽较慢，可待 4～5 月
回暖再播种，发芽较快。

果实为蓇葖果，成熟时果实开裂成4瓣，内含大量的细小种子。

　　鹅銮鼻灯笼草为台湾省特有种，分布于台湾南部的恒春半岛，常生长于海岸礁岩上的缝隙中，也是台湾省原生的景天科多肉植物，株高不及10厘米，叶色有绿叶及褐色叶的，耐旱性强，耐阴性也佳，光线稍不足时株高较高一些。

　　近年有人使用鹅銮鼻灯笼草与欧洲的灯笼草（长寿花）进行杂交，成功地育出新品种，植株形态具有亲本矮小的特性，不需使用矮化剂，株型也能紧致美观，且花期提早，使新品种更具有商业竞争力。

栽.种.提.示

种子取得	花期 10 ~ 11 月间，花期结束后在 12 月至翌年 2 月为采收种荚的适当时期。

种子大小
1毫米以下

播种方式	
日照需求	
播种适期	春季
种子保存	收集种子去除杂质，阴干后将种子存入封口袋中，注明采收日期及贮存日期，置于冰箱中冷藏，寿命 3 ~ 5 年。
发芽时间	7 ~ 14 天
播种育苗	干果、种子细小，可采后用直播或撒播方式育苗，表土用细小颗粒的介质，不需覆土。

范例
4

鹅銮鼻灯笼草

🌱 采集种子

1
成熟时蓇葖果由接缝
处开裂成片。

2
剪取数枝成熟且开裂
的蓇葖果，置于纸盒
上收集种子。

3
去除杂质后，使用秤
药纸将种子包覆起来
贮存备用。

🌱 播种记录

1
准备方形硬质育苗盆，底层为大颗粒介质；中层使用珍珠石：蛭石：泥炭土为1：1：1的三合一培养土；表土使用细颗粒赤玉土。

2
取适量等体积的赤玉土，以手轻轻揉碎后与等量的种子混合均匀备用。

3
种子与赤玉土颗粒充分混合后的情况。

4
以底部吸水，充分浸润培养土，或于播种前将介质充分浇水。将秤药纸对折，以"回"字形将混合的种子沙土平均撒于土表。

5
播种后7～14天的发芽状况。

6
播种后40～50天，可进行小苗的移植，以直径约7厘米盆种1株，或直径10厘米盆种3株进行定植。成株于花后会略微休眠。

采集播种

范例
5

木玫瑰

Merremia
tuberosa

科名：旋花科

别名：姬旋花、木香蔷薇

{ 花后结出球形蒴果，成熟后萼片会不规则开裂、木质化，状似干燥的玫瑰花而得名；为著名的干燥花花材之一。 }

繁殖使用播种为主，取出蒴果内含种子，浸泡软化种皮后播种。

木玫瑰英文名 Wood rose，产自热带美洲的旋花科多年生木质藤本植物。性喜高温且阳光充足的环境，台湾省东部与中南部地区较常见。生性强健，生命力旺盛，需要较大的空间栽培。茎可直接缠绕于棚架上，老株的茎基部会木质化，蔓茎上无毛。

花期在夏、秋季之间，黄色的漏斗形花冠十分鲜明，单花寿命不长，与同为旋花科的朝颜（牵牛花）一样朝开夕死，但花期长达一季。

栽 . 种 . 提 . 示

| 种子取得 | 可自田间采收干燥的蒴果。 |

| 播种方式 | 田间直播或点播育苗 |

| 日照需求 | |

| 播种适期 | 春播、秋播皆可。春播时小苗的生长较佳，秋播小苗生长较为缓慢。 |

种子大小
1厘米

| 种子保存 | 3 ~ 5 年 |

| 发芽时间 | 7 ~ 14 天 |

| 播种育苗 | 生性强健，可直播于棚架下方。如育苗时，可于苗期供给磷、钾含量较高的缓效肥，有益于根系的生长。成株后可于每年花期结束后修剪、施肥。 |

采集播种

范例 **5**

木玫瑰

🌱 采集种子

1

木玫瑰的蒴果木质化，适合作为干燥花花材，由于有蒴果保护，种子寿命可长达3~5年。

2

每个蒴果，平均含有3颗种子。与茑萝、牵牛花同科，蒴果外形相似，但种子直径较大。

3

种子颗粒大，直径达1厘米左右，具黑色短毛。

🌱 播种记录

1

种子取保存2年的木玫瑰蒴果。

2

浸种2~3天后，种子明显吸水膨大，黑色种皮开裂。

3

将木玫瑰软化的黑色种皮剥除，缩短发芽时间。

4

直播育苗，可使用蛋壳或直径约7厘米盆为容器，填入1/3介质，置入种子后覆土，再充分浇水。

5

播种7~10天后，剥除种皮的已经抽出主蔓，软化种皮的才刚发芽。

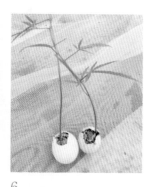

6

将木玫瑰小苗定植于花圃、棚架处栽培。

采集播种

范例
6

雪晃（仙人掌）

*Notocactus
haselbergii*

科名：仙人掌科

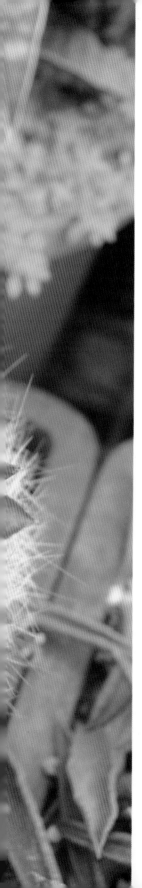

{ 雪晃对于水分十分敏感，春、夏生长季时可以多浇水；冬季休眠期间应适度节水或介质干燥后再浇。如介质过湿，易发生烂根的现象，自球体基部开始腐烂。 }

　　雪晃是产自美洲巴西一带多年生的仙人掌科植物，为台湾省常见的一种中小型且生长快速的球型仙人掌。仙人掌球直径最大约 10 厘米，全株密布白色的软刺，长相十分可爱，像是身着一身银白色的毛衣似的。花期在冬、春季，花色为橘红或砖红色，花径约 2 厘米，花期长达 3 周。

　　雪晃栽培容易，耐阴性佳，在半日照至明亮环境下均可栽培，喜好干燥环境，应使用排水、透气性良好的介质。

栽 . 种 . 提 . 示

种子取得	花期可使用水彩笔或手指，在花朵中来回轻触以利授粉结果。果实转黄成熟后即可采收。

播种方式	

日照需求	

播种适期	春、夏季之间

种子保存	阴干后置于冰箱中冷藏，贮存寿命 3 ~ 5 年。

种子大小
1毫米

发芽时间	7 ~ 10 天

播种育苗	种子细小，小苗不大，加上苗期长，应于播种时混合一定比例与种子直径接近的沙土，撒种后小苗密度较为均匀。幼苗生长缓慢，需 3 ~ 5 年后才能开花，可使用嫁接方式缩短幼苗期。

雪晃（仙人掌）

🌱 采集种子

1

开花时可使用手指、水彩笔或毛笔等，于花朵中间轻轻地触碰一下或轻微地左右扫一扫，代替自然界的授粉昆虫，完成授粉。

2

如授粉成功，花朵基部的子房开始膨大，待绿色的果实转色，变黄、变软时，即可以采收。

3

雪晃果实为浆果，成熟时转为黄色，可使用无纺布或纱网清洗后，将种子晾干置入封口袋，贮放于冰箱内，于秋凉后再播种。种子寿命1～3年。

🌱 播种记录

1

雪晃种子不大，色黑，使用撒播即可。

2

播种后7~10天，长出一对小型的子叶。

3

播种后30~40天，发芽完全后，已隐约可见小型的仙人掌球。

4

因撒播密度过高，约见小仙人掌球形成后，可进行第一次移植。或待小球长到0.5~1厘米大小后，再行移植。

5

苗期若能定期移植并配合施肥，促进根系强健，可缩短育苗期。一般视状况进行3~5次的移植后，可达成株。

6

从播种的小苗长到直径约2厘米的仙人掌球，约需2年的时间。图为栽培2年，经2次移植的雪晃。

采集播种

范例
7

睡莲

Nymphaea hyb.

别名：观音莲（耐寒性的品种）、香水莲（耐热性的品种）

科名：睡莲科

近年来常利用睡莲的花朵，经高温杀青、去除涩味后，再烘干制成莲花茶，让茶饮更多样化，品茗之余还能闻到睡莲脱俗的香气。

睡莲果实成熟后沉到
水底，花瓣仍在上头。

睡莲在冰河时期就已广泛分布，为多年生浮叶型水生植物。品种以温度适应性来区分，耐寒性的品种俗称"观音莲"：花色淡雅，花瓣较为圆润，早春即可开花；耐热性的品种俗称"香水莲"：花色艳丽，花瓣较尖、狭长，花期较晚，多于夏、秋季间开花。

在台湾省北部栽植睡莲，部分品种冬季会落叶休眠，南部则可四季常开。花后花梗会向下弯曲没入水中，果实在水下发育、成熟。种子外具有浮水性的白色假种皮，成熟后的果实会释放出大量种子，利用水飘方式散播后代。

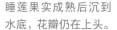

栽 . 种 . 提 . 示

| 种子
取得 | 睡莲为虫媒花，经授粉会产生浆果，成熟后沉入水下，在浆果开裂前为采取时机；使用纱网、丝袜套住收集种子，避免因果实成熟开裂，种子随水飘散。采集后利用网袋将睡莲的果肉清洗干净，取得大量种子。 |

| 播种
方式 | 可田间直播 |

| 日照
需求 | |

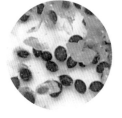

种子大小
0.2～0.3毫米

| 播种
适期 | 春、秋 |

| 种子
保存 | 宜鲜播，不宜保存 |

| 发芽
时间 | 7 ～ 14 天 |

| 播种
育苗 | 小苗发芽率高，苗期要注意水生螺类危害及藻类的竞争。以浅盆使用黏稠的介质，将较大的小苗植入后，再移到水钵中培养，给予光照充足的环境。 |

采集播种

范例
7

睡莲

🌱 采集种子

1

取得睡莲成熟果实
后，用手轻轻剥开，
简易地清除花瓣及花
萼。

2

睡莲的果实由许多的
心皮集合而成。

3

种子外覆白色的假种
皮，让种子能浮于水
面上，利用水飘方式
散播种子。

🌱 事前处理—去除假种皮

1

将种子装入纱网网袋
内。

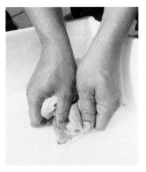

2

搓洗网袋，去除白色
假种皮。取出浸水，
将质轻的假种皮去除
后，可重复搓洗。

3

去除种皮的种子，色
黑、可沉于水中。

🌱 浸种发芽和上盆育苗

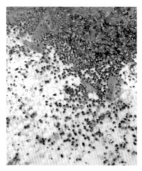

1

将种子装入透明容器或封口袋内，浸泡水中，前2~3周每1~3天换水，以免因清洗不净的假种皮发酵产生异味。

2

浸泡10~14天后，种子开始发芽，长出线形的子叶。

3

播种25~30天后，种子陆续发芽。可局部将已发芽或未发芽种子对水稀释，有利于小芽的生长。

4

播种50~60天后，可见睡莲种子长出2~3片小叶，即可进行第一次假植。

5

将小苗10~15株平均假植于直径10厘米的盆，以赤玉土为介质（田土或山土亦可）。移植后置入水钵里，进行初期育苗。

6

播种后4~5个月的实生睡莲苗。自播种到开花，温带睡莲需经3~5年育成；热带睡莲则约1年。育苗期间应适时换水，并随时防治藻类及螺的生长与入侵。

采集播种

范例 8

观赏辣椒

Ornamental annuum

科名：茄科

别名：五彩辣椒

浆果的果形与果色鲜艳多彩、变化多端，是常见的观果盆栽小品。美观之余，亦可做辣椒之用。

观赏辣椒品种繁多。

观赏辣椒为茄科一、二年生草本植物，原产自热带美洲等地。喜好阳光充足及温暖湿润的环境，耐高温，忌干旱和过于阴暗的环境。栽培时介质应首重排水及肥沃的沙质壤土为佳。茄科植物多为常异交作物（注），可自花授粉产生种子，利于自行留种。除观赏辣椒外，茄科植物多半也能自行留种。

註：常异交作物——自然杂交率在 45% ~ 50%，除杂交外，也可自花授粉结种子的植物。

栽 . 种 . 提 . 示

种子取得 自植株上采收果实充分转色且成熟的浆果（果实外表略为皱缩），先去除外皮后，乳白色种子呈圆肾状。

播种方式

直接以每穴 1 ~ 2 颗种子的方式播入穴盘育苗，可以减少一次移植的程序。

种子大小
2~3毫米

日照需求

播种适期 春、秋

种子保存 种子以清水漂洗、阴干后备用。如为贮存可以将种子以纸片包裹后，注名采收日期，置入封口袋内，放置干燥剂一包后冷藏，贮存寿命为 3 ~ 5 年。

发芽时间 7 ~ 14 天

播种育苗 将具 5 ~ 6 片叶的小苗，移入 72 格穴盘中进行育苗，待根系健全后，视盆植需求，定植于直径 10 厘米或 17 厘米的盆中栽培，或直接定植于苗圃。不需摘心，株龄适当时会自动分枝。

采集种子

采集播种

范例 **8**

观赏辣椒

1

果实成熟时会转色，以采取开始干燥皱缩的浆果为佳。

2

果实干燥后即可将种子分离。或先清除果皮，清洗后干燥即可。

3

去除果皮后干燥的种子2～3毫米。

🌱 播种记录

1

以撒播育苗，将种子平均撒布在介质上。

2

播种7～10天已发芽完全。待子叶长到3～4片，可行第一次假植。

3

采穴盘育苗。假植至穴盘前，先将穴盘内的培养土填满后，再依每穴移入一株带根的小苗，移植时动作应迅速。移植后充分浇水，给予少许缓效肥，或每1～2周给予稀释的液肥，初期以氮、磷肥为主。

4

假植后2～3周，植株已明显生长，叶片有10～12片时根团已健全，可轻轻拔起时，即可进行第二次假植，将小苗移入直径10厘米或17厘米黑软盆中培养。

5

第二次假植（或直接定植于花槽、田间或直径约17厘米的盆内），可置入一小匙的缓效肥，以补充磷、钾肥为主。

6

定植或第二次假植后2周，植株成熟开始开花，花后会结出五彩缤纷的果实。

采集播种

范例
9

山樱花

Prunus campanulata

科名：蔷薇科

别名：绯寒樱

{ 除了观赏用途外，更是冬、春季
重要的鸟饵及蜜源植物。 }

蔷薇科的落叶乔木，分布于中国南方海拔 500 ～ 2000 米的森林间，在台湾北部为常见的行道树或庭园木栽植。

花为绯红色，富含花蜜，是森林性的鸟类及昆虫在冬、春季重要的食物来源之一，常被如冠羽画眉、白耳画眉等鸟类取食。春、夏季间渐渐成熟的红色果实，除了鸟类爱吃外，也是松鼠喜爱的食物。

栽 . 种 . 提 . 示

种子取得	果实转色或成熟转色变红或紫黑色时，即可采收，或捡拾树下经鸟类取食掉落的核果。
播种方式	利用层积法进行种子的催芽，待种子发根后再行定植育苗。

种子大小
5～8毫米

日照需求	
播种适期	春、夏季之间，种子采收后即刻播种，未经破壳及层积法催芽的处理，需经过冬天低温，于翌年春后陆续发芽。但如经低温层积处理，2 ～ 6 个月，种子会陆续萌发，再将种子取出播种育苗即可。
种子保存	取得种子后，将种子清洗去除残余的果肉后阴干，再将种子存入封口袋中，置于冰箱中冷藏，可保存 3 ～ 5 年。
发芽时间	未经低温层积处理，播种后 1 ～ 2 年间会陆续发芽。如经低温层积处理，2 ～ 6 个月会陆续发芽。
播种育苗	小苗栽至成株需 3 ～ 5 年的时间，待小苗约 1 米高后，可给予合理的行株距定植于田间，使山樱花苗能充分生长，以缩短幼苗期。

小贴士　蔷薇科落叶乔木或各类温带树种，成熟的果实会经鸟兽取食或自然掉落方式散播，大量的种子贮存在土壤中及落叶层中，经由冬季低温刺激，于来年春后发芽。这类型温带树木的种子，我们可以利用破壳及低温层积处理方式打破其休眠，以缩短发芽时间并提高发芽成功率。

采集播种

范例 **9**

山樱花

以层积法进行种子催芽

1

在春、夏季间可见到山樱花渐渐成熟的红色果实。

2

等果实成熟转变成红或紫黑色时即可采收。或捡拾树下经鸟取食后的核果。

3

去除果肉之后的核果，直径约0.5厘米。

4

破壳处理：在核果的尖端，剪除造成局部的伤口。或将外壳剥除，留下不带壳的种子。

5

低温处理：以湿润的水苔将种子包裹后，置入封口袋内，放入冰箱冷藏。

6

经8~10周的冷藏打破休眠后，种子开始发芽。唯破壳处理如不当而伤到胚芽或胚根，便会造成发芽失败。

7

育苗：在直径10厘米的盆置入八九分满的培养土并压实。以手指在介质上戳出3个种植穴。

8

将发芽的山樱花小苗植入穴中。

9

移入直径10厘米的盆后，置于阴凉处，让小苗生长。待小苗长出5~6枚叶片后，再进行第二次的移植。

10

从小苗种到开花，至少需要5年以上时间。

采集播种

范例
10

丝苇

Rhipsalis
cassutha
(*R.baccifera*)

科名：仙人掌科

喜好半日照及明亮光线的环境，光照强一点，植株会偏浅绿或黄一些，光线适宜时全株色泽浓绿。

丝苇的浆果。　　　丝苇开花。

丝苇为仙人掌科植物，外形像是一头绿色的秀发，柔美的姿态很难让人将其与仙人掌画上等号，但它是货真价实的仙人掌科植物。原生地多见着生于树干上，冬、春季为生长期，与一般仙人掌夏季生长明显不同。

湿度高时生长快速，所以给予高湿的环境是种好它们的诀窍，介质不必太湿，可以不常浇水，但一定要注意环境的湿度。当线条状的茎失去光泽时再浇水，如果环境合宜，成熟的茎上会长出不定根。

栽 . 种 . 提 . 示

| 种子取得 | 成熟的丝苇，其常见白色浆果着生于枝条状的长茎上，可选取成熟度高，略带透明的白色浆果。使用无纺布，收集自浆果中挤取的黑色种子后，再以清水漂洗，阴干后可以直接播种。 |

播种方式　

日照需求　

种子大小
0.2～0.3毫米

播种适期　春、夏

| 种子保存 | 取得种子后，将种子略微阴干，或置入防潮箱中贮存一周，再将种子存入封口袋中，并注明采收日期及贮存日期，置于冰箱中冷藏，寿命3～5年。 |

发芽时间　7～14 天

| 播种育苗 | 小苗上着生着大量的刺座，幼期较长，需3～5年的养成才能看见丝苇的外形。适度的移植可促进小苗的生长。 |

采集播种

范例 **10**

丝苇

🌱 采集种子

1

采集成熟呈半透明的浆果。

2

将种子挤在无纺布上或纱布上，准备清洗种子外覆的果胶物质。

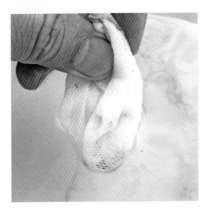

3

浸入水中，徒手方式左右上下，轻轻地搓洗、晾干后备用。如欲贮藏必须再行干燥。

播种记录

1

以撒播方式播种，
10～14天种子初萌
发，尚未长出仙人掌
的外形。

2

播种后40～50天，
丝苇小苗已发芽完
全，生长成小型的柱
状仙人掌，有明显的
刺座。

小贴士

种子细小，应适量混合
一定比例的沙土，避免
未来小苗过于拥挤，进
行播种时表土应再以筛
子筛过，让表土颗粒细
小，可防止种子陷入表
土颗粒间因光照不足而
无法发芽的情形。

3

将撒播的幼苗进行第
一次移植，给予小苗
合理的生长空间，促
进侧根的生长。小
苗栽培期长达3～5
年，期间应移植3～
5次。

采集播种

范例
11

红花鼠尾草

Salvia coccinea

别名：朱唇花、红花紫参　科名：唇形花科

夏季高温，花朵颜色会较淡，并有不开放的花朵产生。养护时宜薄肥多施，并于主花序开花后将其剪除，以促进侧花序的生长与伸展。

种名源自拉丁文，为绯红色的意思，
形容红花鼠尾草原生种的花色。

　　红花鼠尾草曾一度被误以为原生于巴西，后来以染色
体数推测原生地应该是在墨西哥一带。大部分为一年生，
少数可多年生长成为灌木形态，株高可高达 1 米，分枝性
良好，适合 3 株以上群植。

　　目前花色以绯红、粉红和白色为主，亦有橘红、淡橘色；
萼片有绿色及紫红色等变化。红花鼠尾草目前已在台湾省
中海拔地区落地生根，成为归化种。

栽·种·提·示

种子取得	红花鼠尾草因雌、雄蕊接近，容易自交，亦可借虫媒授粉杂交，待花穗干燥后取下基部膨大的萼片搓揉之，便可取得种子。

播种方式	

日照需求	

种子大小
2.7～3.5毫米

播种适期	四季皆可播种

种子保存	将萼片碎屑及子房附属物剔除，以阴干或置入防潮箱中等方式，让种子干燥 1～3 天，再封存于冰箱冷藏室。

发芽时间	红花鼠尾草高温下仍有不错的发芽率，播种后 3～5 天发芽完毕。

播种育苗	红花鼠尾草种子发芽需要光线，播种后不可覆土，发芽期间要维持高湿度，种子吸饱水后表面会产生一层胶状物质，不可让其干掉，否则发芽率会降低。可撒播或先播种于小容器中，待形成根团后再移植。

🌱 种子栽培手記

1

选择花萼有转为褐色且干燥者，里头藏有1～4颗种子，稍微一碰种子就会掉下来。

2

播种后浇水要浇到种子外层出现一层胶状物质，且在发芽之前不能让胶状物质干掉。

3

大约4天后，可以看见子叶展开。

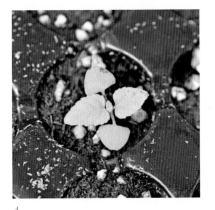

4

再经过5天，可见第一对真叶展开，子叶也比先前更大。红花鼠尾草生长速度比一串红快，也比粉萼鼠尾草快好几倍。

5
当苗株开始出现盘根时应立即换盆。种在128穴的穴盘中，长至3～4对真叶时就该换盆。

6
播种后大约40天，即可长出7～8对真叶。

7
再经过10天，已经可看见花苞，此时节间会开始抽长。

8
红花鼠尾草开花了！当主花序开得差不多，就可以将其剪除，以利侧花序抽出。

采集播种

范例 12

一串红

Salvia splendens

科名：唇形花科

别名：爆竹红、象牙红、绯衣草

定期施用肥料可延长花期，侧花序会长得比较好而不会开出太小的花朵。
主花序开花完毕后可摘除，以促进侧花序的生长与伸展。

一串红易授粉，种子发育又快，很适合自行采种，也可试着将不同的花色杂交。此株为作者将紫色花和白色花杂交后的后代。

　　一串红原产于巴西高海拔地区，原生的一串红为多年草本。种名 splendnes，为闪闪发光、璀璨、光明之意，形容一串红花序璀璨如火。早期品种为多年生灌木形态，而现今栽培的品种多为园艺选拔后的品种，常见为矮性、长日的一、二年生草本。

　　一串红喜欢冷凉的冬、春季，台湾省炎热的夏季并不适合其生长，但在日照越长的环境下，一串红会越早开花。目前，台湾栽培最多的是耐热的威士达（Vista）系列中的红花品种，亦有紫色、白色、红白双色等品种，但较少见。

栽 . 种 . 提 . 示

种子取得	一串红较不易自交，为虫媒花，栽在露天或自然环境中，常因昆虫授粉产生种子。如栽在较不开放空间，需人工授粉才会形成种子。小心剪下干燥的花穗，并拨开花萼后，可见褐黑色的种子。

播种方式	直播亦可
日照需求	

种子大小
3.5毫米

播种适期	冬、春季播种于已经犁平的土面，或先播种于小容器育苗，待小苗生长 5～6 片叶后再移植。
种子保存	将萼片碎屑及子房附属物剔除，以阴干或置入防潮箱中等方式让种子干燥 1～3 天，再封存于冰箱冷藏室。
发芽时间	以春天播种为宜，播种后 3～7 天发芽完毕，温度若低于 15℃，生长会比较缓慢。
播种育苗	发芽期间维持高湿环境，种子吸饱水后，种子表面会产生胶状物质，不可让其干掉，否则发芽率会降低。

采集播种

范例
12

一串红

种子栽培手記

1
一串红每朵花有4颗种子，当苞片开始褐化失水、种子转褐时即可采收。

2
一串红种子发芽需要光线，可直接播种于穴盘中，为好光性种子。播种后不宜覆土，覆土会造成发芽的障碍。

3
种子吸饱水后会有胶状物质产生，2～3天即可见胚根突破种皮。

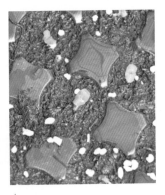

4
播种后5～8天可见子叶展开。

5

13天后第一对真叶展开。

6

一串红若根系在穴盘中盘根，会影响后续植株生长，所以要在盘根前移植。

7

移植到大盆后，原本小小的真叶会继续长大，紫花的一串红其茎部呈现紫色。

8

冬春季凉温下，一串红虽然生长较慢，从种子到开花约需3个月，但花苞较紧实。

9

花序绽放时，可见凉温下的花朵饱满，花序节间较短。

10

在长日、高光下，一串红生长快速，播种后2个月就可开花，但是花朵较瘦弱，花序节间较长。

 一串红从授粉至种子成熟，3～4个礼拜即可完成。各位可以尝试着将红色花和白色花者杂交，紫色花和白色花杂交，红色花和紫色花杂交，下一代的花色可是会令您大为吃惊呢！

空气凤梨不必种在土里也能活，因其造型奇特，用以悬挂或是附植于枯木上，都是令人过目难忘的焦点。

采集播种

范例
13

空气凤梨

Tillandsia
sp.

科名：凤梨科空气凤梨亚科

别名：空气草、木柄凤梨

每一种空气凤梨都有各自的美丽，不开花虽然只有叶序的铺陈，也能展现无与伦比的美丽。

原产自南美洲的空气凤梨约有五六百种，至今仍有新品种被发现，每年更有商业杂交品种问世。空气凤梨常见的繁殖方式以分株为主，开花之后的空气凤梨会产生侧芽，待侧芽为母株的1/3～1/2大小时，可以自母株上剥离后，得到新生的后代。但也有不少空气凤梨的玩家试着以播种的方式进行繁殖。只是利用种子繁殖空气凤梨需要耐心，至少需等待5～10年才能盼到成株。

栽．种．提．示

种子取得	通过人工授粉方式取得种荚，或观察花后的空气凤梨是否因自然虫媒授粉后产生果荚，待果荚转为褐色，在开裂前采收即可。
播种方式	
日照需求	
播种适期	春

种子大小
1～2毫米

种子保存	将种子适当干燥后，置于封口袋中封存于冰箱中冷藏，寿命3～5年。
发芽时间	播种后7～10天开始萌芽，30～45天后，可观察到小苗。
播种育苗	实生苗前3年生长最为缓慢，此时需控制水分得宜，避免给水过多引发藻类的生长，导致小苗伤亡。播种约3年后会进入快速生长期，可将小苗移至光线充足的环境，在维持通风与高湿的环境下生长，并施予稀释4000~5000倍的液体肥，以促进小苗生长，缩短幼年期。

采集播种

范例
13

空气凤梨

🌱 采集种子

1
空气凤梨开花时，可在两种不同或同株异花上将花粉沾于柱头上，授粉成功后便会结果。

2
视品种不同，空气凤梨果荚的成熟期不一定，采收时机为果荚干燥开裂前或是完全转色为褐色时。

3
空气凤梨果荚为蒴果，种子上具有毛状的附属物，利用风来协助散播种子。

🌱 播种记录

1

准备好植物名牌、纱网网片（也可使用椰纤片、黑网、菜瓜布、栓木皮等作为播种媒介），网片大小可视需求自行裁剪。

2

先将种子自果荚中取出，并平均抹在网片上，避免种子密度过高。

3

使用喷雾器喷水，使种子黏附于纱网上即可。

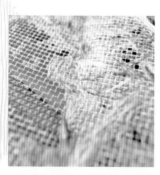

4

每日喷水1～2次，或置于潮湿的水苔上，播种后2～3天，可见褐色种子充分吸水膨大。

5

播种后7～10天，种子充分吸水膨大，白色处转为绿色。

6

播种近4个月后，小苗株径不及0.5厘米。幼苗期长短视品种而变，长达5～10年以上。

采集播种

范例
14

风雨兰

Zephyranthes
sp.

科名：石蒜科

别名：葱兰、韭兰

单叶自球茎中间抽出，叶形像葱或韭，单叶扁平，叶幅较宽的称为韭兰；叶略呈管状，叶幅较窄者称为葱兰。

图片提供 / 田碧凤

球茎内含开花的抑制物质，需经雨水淋洗后去除才会开花。因此常见花朵盛开在大雨之后，英文名 Rain lily。

图片提供 / 田碧凤

　　风雨兰原产自南美洲地区，园艺杂交种不少，为石蒜科多年生的球根植物，生性强健、四季皆可开花，花期集中夏、秋季，性喜阳光，十分耐旱也耐高温。

　　除种子播种，常见以分株进行繁殖。成熟植株母球易生小球，分株时，可取较大的小球剥离母株后定植，四季皆可进行。

栽 . 种 . 提 . 示

种子取得	花后结果，待果实转为褐色，开裂前为采收适期。种子外覆蜡质具薄膜，质轻借由风力传播。

种子大小
0.8～1厘米

日照需求	

播种适期	种子采收后新鲜播种为宜，适期为夏、秋季之间。

种子保存	宜鲜播，不易保存。

发芽时间	20 ～ 45 天。

播种育苗	苗期可密植，视小苗的生长状况给予适当的肥料，可使用磷、钾比例较高的复合式缓效肥。适时分株移植，有利于小苗的生长及缩短幼苗期。

浸种记录

1

果荚开裂前，在心皮接缝处转为白色，即可采收。可在果荚外套上纱网、丝袜或贴上透明胶带，避免开裂无法收到种子。

2

可使用风选方式收集取得种子，吹除发育不良、重量过轻及种子中央未膨大的种子。

3

浸种进行催芽，每天适度换水。浸种3～5天，可见部分种子开始发根。

4

浸种2～3周后，种子已经发芽，部分种子已经长出绿色子叶。

播种记录

1

假植育苗。准备好已经浸种催芽的小苗，镊子1只。在直径10厘米的盆内置入八九分满的培养土，浇透水后备用。

2

以镊子将小苗1株接着1株，平均地植入盆中。

3

小苗假植后1周，可开始施肥，应给予磷、钾含量较高的缓效肥为宜。经3～5次的移植，培养2～3年后，达到成株便会开花。

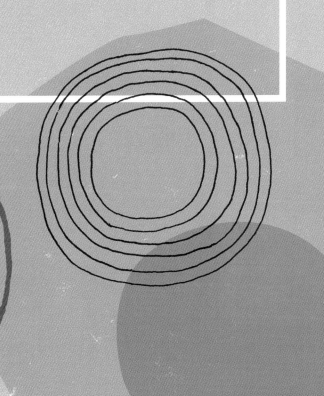

第五章

培育您自己的花
——浅谈杂交育种

栽种花草多年之后，市售的盆栽已经不能满足栽花的乐趣，这时您可以进阶试试选拔品种及杂交育种，创造出专属的自有品种。每一颗种子就像一个希望，当播下去的希望一颗颗成熟开花了，您会发现这三年、五年的等待都是值得的。

为什么要做杂交育种

经选拔及杂交育种的方式获得的品种会具有下列优点。

优点 1　品种的新颖性

经由雄雌蕊结合产生种子，所得到的后代每一个都是独立的，具有绝无仅有的特色。不论是花形、花色或是株型、叶色，又或是果实的甜美或酸涩都会有不同程度上的差别。只要后代的性状优于父母本就可以成为一种新的品种。

作者杂交选育出的 *Haworthia* 新品种。叶具红褐色，叶形浑圆且叶窗透亮等性状。

作者杂交选育出的 *Haworthia* 新品种。叶色翠绿，叶序堆叠整齐，叶窗带有美丽的花纹。

🌱 优点2　強健的适应性

创造新的品种经由有性繁殖的方式最为便捷，也最自然；现行栽培的作物，大多数都是在许多的后代中选拔出来的。如果不熟悉杂交育种的过程及方式，只要每年选拔最优良的个体进行留种，一代又一代选拔下去，在去芜存菁的大原则下，自然可以把族群里最优良的后代保存下来，对于环境的适应性也大大地提高。

如果熟悉杂交育种，可以选用最优良的父、母本进行杂交育种，那么后代经由人择与天择的考验下，优良父母本的后代中便能产生超越亲本的个体（品种）。除了质量优良之外，对当地环境也具有较佳的适应性。

🌱 优点3　选拔及杂交育种的过程充满趣味性

自亲本的选拔开始，好比相亲大会一般，充满了想象和期待。为您的花草找亲家、找对象、看条件和身家，最后选定好亲本，在花开的季节，在对的时间里将植物们送作堆，再来就是等待。每一个过程都展现着满满的生命力。

种子播种的小苗，有些在早期就能表现出差异，如子叶红的或有斑纹的；在生长上有些会长的特别大等。经过每一个阶段的选拔，留下自己认为好的个体，过程中充满了惊喜。

以玉露和宝草杂交育种的实生小苗，
每一株都不一样。

育种前，先了解植物的授粉方式

进行品种的选拔或是杂交育种前，该做些什么呢？除了把植物种好以外，需要知悉栽种植物的特性，才有利于品种选拔及育种的进行。植物依照其授粉的方式，可分为三大类。

1. 自交植物

自然杂交率不超过 4%，自花可授粉产生种子的植物称为自交植物。这类植物常在开花前即已经完成授粉、受精的过程，如小麦、大麦、燕麦、水稻、马铃薯、豌豆、大豆、豇豆、菜豆等。自交植物一般无法使用杂交的方式进行育种，以选种的方式进行品种改良，即留种时，选拔植群中最强健、产量最高，种子量多或种子最大，株型、花色最美，花径最大的植株，进行采种。

一代又一代有目标的选拔结果，留下来的后代自然会超越最初引入的品种，除了栽培性状得到改善以外，品种的适应性会更佳。

2. 常异交植物

自然杂交率在 45% ~ 50%，亦可自花授粉结出种子的植物称为常异交植物。自行留种时，要行套袋避免与其他同科、同属作物发生杂交，维持品种的纯正。

🌱 3. 异交作物

异交作物为自然杂交率超过 50%的植物，常见于同株异花、雌雄异株的植物。自花授粉后会发生自交弱势，即后代生长不佳或无法发芽等情形。异交作物则具有杂种优势，通过杂交育种的方式，可以生产出杂交第一代（F1）的种子，其生长势强健。

自交植物 豇豆。

自交植物 豌豆。

异交植物 玉米。

异交植物 瓜类。

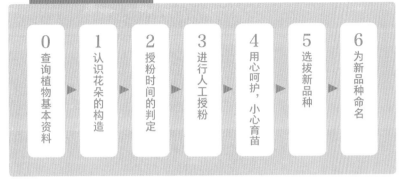

如何开始杂交育种

杂交育种的流程

| 0 查询植物基本资料 | ▶ | 1 认识花朵的构造 | ▶ | 2 授粉时间的判定 | ▶ | 3 进行人工授粉 | ▶ | 4 用心呵护，小心育苗 | ▶ | 5 选拔新品种 | ▶ | 6 为新品种命名 |

 事前准备　查询植物基本资料

在进行杂交育种之前，最好能够对于栽种的植物有一定的熟悉；栽培管理上，至少先得把植物种到能年年开花。在植物的认识上，可利用书籍或网络查询生长条件需求、花期及相关背景。接下来就可以一步步实施植物的杂交育种。下面以岩桐属 *Sinningia* 植物为例。

注意 岩桐属 *Sinningia* 植物资料查询

种属的来源

岩桐属 *Sinningia*：60~70 种，原产自中南美洲，但集中分布于巴西，为苦苣苔科植物中一属，为多年生的草本块茎植物，由德国威廉·辛宁 (Wihelm Sinning)（1794-1874）植物学家命名。市场上最流通的大岩桐盆花只是六七十种岩桐属中 *Sinningia speciosa* 的杂交后代族群。

植株性状及生长习性

多年生草本，叶对生，具有下胚轴膨大形成的块茎组织。喜好生长在光线充足、明亮及温暖环境，对光周期不敏感，无法和非洲堇一样利用延长光照的方式促进开花。岩桐属植物产自热带地区，温度 25℃时生长发育迅速，但连续温度在 15℃时，地上部便死亡进入休眠，仅存地下块茎。休眠期应节水或保持干燥，待春暖新芽萌发后再充分给水。多数岩桐属的植物由播种至开花，需 6 ~ 8 月的时间。

🌱 步骤 1 认识花朵的构造

　　同属与同种的植物之间可以相互杂交，尤其是异交的植物更为明显。岩桐属为异交植物，同属之间可互相杂交。在同属这个庞大的植物家族里，还可以再依其相似程度或亲缘关系形成不同的类型，再细分成不同亚属。在岩桐属的分类下，又细分成 5 个亚属，同个亚属内的品种间杂交时成功率会高一些。跨亚属或亲缘更远的杂交，例如属间杂交，其成功的机会大大降低。

岩桐属的花器为 5 片　　　具有 5 片花萼，合生　　　为子房上位花，合生
花瓣合生、呈筒状的　　　于花瓣的基部。　　　　的花瓣着生在子房的
钟形花。　　　　　　　　　　　　　　　　　下方。

 岩桐属在进行杂交育种时，若两者花形差异过大，则杂交成功概率较低；
花形越相似的，杂交成功概率越高。

 想要查询科属的品种亲远情形，可以去哪里查询呢？
如有兴趣进行植物育种时，除了利用网络查询植物的讯息，也可以利用
社群网页，参加相关的植物社团，大量吸收消化栽培及育种的信息后再
进行育种的准备。

步骤 2 授粉时间的判定

示范植物

Sinningia 'KJ's Moonlight' ×
Sinningia 'HCY's Merry-go-around'

亲本选定： 目的在创造花形的新颖性，期待能杂交育成重瓣的岩桐**品种**。

母本 Seed parent：

美花大岩桐杂交种 *Sinningia eumorpha* hyb.—KJ's 月光（*Sinningia* 'KJ's Moonlight'）为母本。品种特性为花色纯白，株型小且叶序较紧致。

父本 Pollen parent：

选用 HCY's 旋转木马（*Sinningia* 'HCY's Merry-go-around'）重瓣品种为父本，提供花粉来源。期许后代能出现重瓣花朵的性状。

 小贴士 亲本选择以母本的选定最为重要，是影响后代株型、花形、花色及生长适应性重要的关键。母本的开花性、生长适应性等都是母本选择中重要的考量。选定母本后，在严谨的杂交育种过程中，花朵开放前要先行剪除雄蕊，避免受自花的花粉污染。

母本的选择
选取昨天开放，或已开放 2～3 天的花为佳。雌蕊成熟时会伸出花朵，柱头会开张、微弯或产生黏液。

父本的选择
以当天开放、花粉已充分释放的花朵为佳。可用手指轻触，判定花粉是否已成熟且充分释放。

植物小知识：HCY's 旋转木马

HCY's 旋转木马为花萼瓣化，且合生成瓣化的花萼筒，使花朵成为两个重叠花被筒的特殊品种。此品种为岩桐著名育种家洪嘉裕先生育成。

经爱好者观察，多数岩桐属的重瓣品种不具有结种子的能力，因此范例中 HCY's 的旋转木马，仅可作为父本。

步骤3 进行人工授粉

示范植物 1

Sinningia 'KJ's Moonlight' ×
Sinningia 'HCY's Merry-go-around'

1

将当日开放的花朵取下，
去除重瓣的花被筒，使雄
蕊裸露。

2

花粉充分成熟，轻触时释
放出花粉并沾在手指上。

3

去除母本KJ's Moonlight
雄蕊及花被，使雌蕊裸露
后，再将花粉沾上柱头。

4

授粉后应标注日期及杂交种
亲本名，避免日后遗忘。

示范植物 2

Sinningia iarae 橘色花 ×
红色花（*Sinningia iarae* 'Orange Form' × 'Red Form'）

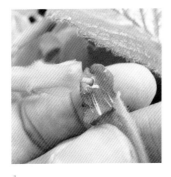  

1

将花粉轻轻地沾在柱头上，即完成人工授粉。

2

如授粉成功后，花瓣会即刻凋谢。可将花器移除，裸露出子房的部位以利观察。如授粉不成功，子房不发育，最后会凋萎。

3

授粉一周后，子房膨大形成果荚，待果荚成熟后开裂。最终检定是否产生饱满的种子，如有饱满的种子产生，即表示本次的杂交育种成功。

取得种子后，可以比照前面章节进行播种及育苗的过程，就岩桐属植物来说，至少得栽种到第一次花开，才能自后代中选拔出较优良的花形与花色。但如以其他的观叶植物，至少得栽种到能表现出叶色及株型后再进行选拔。

步骤4 用心呵护、小心育苗

取得杂交种的种子后，一段漫长的育苗期正要开始，期间需要小心翼翼地栽培与管理，每一颗种子都是一个希望，每一株小苗都有可能展现出优于父、母本的惊喜。

示范植物　*Sinningia*'Pink Tiger'×
'HCY's Merry-go-around'　（2013年春季，作者的杂交种育苗过程）

1

岩桐属杂交的小苗，利用不断移植或换盆的方式缩短育苗期。待小苗叶片彼此触碰时再进行移植。

 小贴士

给予良好的生长环境及适当的肥料管理，让每一株小苗都能在充足的阳光、空气、水的条件下生长，以缩短幼苗期。

2

杂交种后代会有个体差异，在生长期间，小苗的大小也会不一致。大苗可利用72格穴盘进行育苗，让小苗有合理的生长空间以利生长。

3

2013年秋季，杂种小苗已成株陆续开花，开始进行花形及花色的选拔。

 小贴士

一、二年生的草本花卉，育苗期间短，杂交育种及选拔的时间较快，但多年生的草本植物或是木本植物至少都需要3～5年的育苗期。以岩桐属为例，至少6个月的育苗期才能见到成果。

🌱 步骤 5 选拔新品种

作者于 2013 年进行的岩桐属杂交小苗（*Sinningia* 'Pink Tiger' × 'HCY's Merry-go-around'），于秋季陆续开放。待岩桐杂交种小苗成长后，可自许多成苗中选拔出喜爱的花形与花色。母本 *Sinningia* 'Pink Tiger' 为粉红色、大花的杂交种。而父本为洪嘉裕先生育成的花色紫、具带状分布斑点、花萼瓣化的重瓣岩桐杂交品种。

在子代中选拔出的个体，如下图的范例中，以杂交子代 3 具有特殊的花形与花色，符合作者选拔目标。

杂交子代 1
受母本影响，花色偏粉红色系。但花瓣上带状的斑点受父本影响，不具有重瓣的花形。

杂交子代 2
花色紫，具有带状分布斑点，系受父本影响，但不具有花萼瓣化的现象。

杂交子代 3
花色受母本影响，花萼瓣化的性状来自父本，为具有新颖性花形及花色较佳的子代。

新品种的后续观察

选拔后，可将本杂交种单独挑选出来，进行后续的生长性状的观察。

□ 生性强健与否？

于栽培期间再评估观察，植株是否生性强健？不易感染病虫害及便于管理等。

□ 是否具有耐热性或耐寒性的特性？

植株具耐热性，则表示夏季高温期间，仍能正常开花；如具有耐寒性，则冬季低温期间，不休眠亦能正常开花，使新品种具有更长的观赏期。

□ 是否容易再繁殖？

如不易繁殖则在未来商业栽培时，可能有量产的障碍等。

综合以上再进行评估，期许新种能符合育种者的各项期待。

步骤 6　为您的新品种命名

为花花草草取名字，要叫小花还是小白好呢？为了避免命名上的紊乱，在园艺植物的领域里，有一套简单的命名原则。

命名的结构

母本　×　父本　'品种名'

- 产生种子的亲本学名
- 提供花粉来源的亲本学名
- 取个喜欢的名字前后加注单引号

1. 标注杂交种亲本名

在未命名前为了表示这个杂交组合，以标注杂交亲本名的方式表示即可。亲本名的标注方式为母本 × 父本。即将母本——产生种子的亲本写在前面，父本——提供花粉来源的亲本写在后面。

如亲本不知其学名或中文俗名，那最好以图像方式先记录下来，再以自行编号的方式简易注记，如 *Sinningia* A × B，以利日后进行后代选拔时，能有系统地追踪后代与亲本间花色、叶色及其他性状的表现，检查是否具有创造出新颖性品种的价值。如果能正确地标注亲本名，在未来登记品种权时，也能系统地表示这个品种来源。

以作者岩桐属的杂交品种 *Sinningia bullata* × *Sinningia* 'Seminole' 为例。如为同属时，可省略父本的属名，标注成：

Sinningia bullata × 'Seminole'
　　母本　　　　　　父本

2. 开始命名

园艺植物杂交种，相较于植物分类学上的命名较为简易，不需要特别的考虑种名的规范，给予一个讨喜的品种名后加注单引号的方式表示即可。

毛岩桐杂交种 *Sinniniga* 'Amizada' （ *Sinningia hirsuta* × *kautskyi* ）为美国戴夫·扎伊林（Dave Zaitlin）及巴西毛罗·佩克索托（Mauro Peixoto）两位岩桐育种专家共同育成。为了纪念他们彼此间的友谊，以西班牙语中"友谊 amistad"为字根，将这个美丽的杂交品种，命名为 *Sinningia* 'Amizada'。

Sinningia 'KJ's Yanyan' （ *Sinningia* 'Pink Tiger' × 'HCY's Merry-go-around' ）

2013 年由作者育成，为纪念长女出生。KJ's 为作者英文名缩写，Yanyan 为作者长女小名，并附上杂交亲本组合，以利未来花色育种时，可依循着亲本进行分析及遗传上的讨论。

Sinningia 'KJ's Moonlight' （ *Sinningia eumorpha* hyb. ）

2008 年由作者育成，为纪念长子出生满月，本种为美花大岩桐 *Sinningia eumorpha* 不同个体间的杂交，而选育出全白的花色，心部略带浅黄色晕。

Sinningia 'KJ's Miss Liky' （ Mini-sinningia hyb. × *Sinningia speciosa* hyb. 'Pink Flower' ）

2010 年由作者以迷你岩桐（品种不详）与粉色大岩桐杂交育成的后代。花朵较迷你岩桐大型，但株型却较大岩桐小。以妻子的英文名命名。

Sinningia 'KJ's A-mei'

2010 年由作者育成，为 *Sinningia* 'KJ's Miss Liky' （ Mini-sinningia hyb. × *Sinningia speciose* hyb. 'Pink flower' ）的姐妹株。以客家语"母亲 A-mei"命名，纪念家母。

杂交选种

范例
1

断崖女王

英文名：Brazilian edelweiss

科名：苦苣苔科

别名：月之宴、巴西雪绒花

　　断崖女王原产自南美洲巴西等地，为多年生草本植物，常见生长在石灰岩地形的石缝或石壁空隙上，冬季进入休眠或生长缓慢。全株密布银白色绒毛，叶全缘、十字对生，株高 20～30 厘米。

栽 . 种 . 提 . 示

亲本选择	断崖女王为常异交植物，自花可授粉。在进行杂交前母本应在开花前一天，先将雄蕊去除，以免受到自身花粉的污染。或栽培于较密闭的环境，防止授粉媒介进入，减少自花授粉的机会。亲本的选择时，宜选择绒毛较多，生长势较快的个体为亲本。
育种目标	选拔银白色绒毛浓密及生长速度较快的后代，缩短育苗时间，以选拔外观更加雪白、绒毛更加明显的后代为杂交选种目标。
发芽时间	播种后不覆土，种子新鲜的话，播种后 1 周左右就会发芽。
日照需求	弱光下发芽后的小苗易徒长。

🌱 授粉要领

1

花器为子房上位花，花瓣5片、合生呈筒状。

2

选定的亲本进行杂交。将成熟的花粉沾在突出花瓣、成熟的柱头上。

3

授粉后30～45天，果实开裂前收集种子。

🌱 育苗与选拔

1

种子十分细小，以撒播方式育苗。

2

撒播后7~10天，新鲜种子发芽会出苗。但幼苗生长十分缓慢，需经3~5年的养成，才能成苗。

3

育苗期间，经3~5次移植后的现况。选拔白毛较多及生长快速的子代为选拔标准。

4

断崖女王的杂交后代（*Sinningia leucotricha* × *iarae* hyb.）

自子代中选育出花色近乎白的品种，株型与外观均与断崖女王相似，花形与花色受父本*Sinningia iarae*的影响。

杂交选种

范例 2

朱顶红

英文名：Amaryllis

科名：石蒜科

别名：鼓吹花、百支莲、孤挺花、华胄兰等

近年国内的科研单位及趣味玩家不断杂交育种，让朱顶红品种丰富，还有不少 MIT 的品种问世，让喜爱朱顶红的朋友，多了不少的选择。

春夏间开出带有 3 ~ 6 朵
的大红色花。

朱顶红产自中南美洲，为石蒜科多年生草本植物，于1911年由日本人铃木氏自新加坡引入台湾栽培，现已成为台湾省最常见的球茎植物之一。朱顶红具硕大如洋葱般鳞茎，其大小6 ~ 12厘米，在台湾四季常青，没有明显的休眠期，花期在春、夏季3 ~ 6月间，多半在清明节前后盛开，花形大，与百合花相似。常见以分株、鳞茎切割及双鳞片扦插等方式繁殖，播种繁殖常用于杂交育种。

栽·种·提·示

| 亲本选择 | 如为杂交育成优良花形与花色的后代，可选取喜好的花色作为亲本，母本宜选花形端正、花径硕大的品种。如为杂交育成重瓣或半重瓣品种时，母本应选择重瓣或半重瓣品种。重瓣或半重瓣品种性状，系因雄蕊瓣化而成，不具正常的雄蕊及花粉无法作为父本。 |

| 播种育苗 | 朱顶红小苗以合植方式栽培，生长速度会快一些，如将小苗分开——单植时，生长速度会变慢。待小苗鳞茎略成形或生长至小球互相拥挤时再进行换盆。鳞茎周径达18厘米左右可开花。生长期在春夏季之间，应于这季节以少量多施的方式，多给予磷、钾比例高的肥料，有利于鳞茎的养成。冬后则不需施肥，或视地区全年可以生长，肥料如供给充足，养成至开花球的时间较短。 |

| 发芽时间 | 7 ~ 21 天 |

| 日照需求 | ☀ ⛅ |

杂交选种

范例 2

朱顶红

 授粉要领

1

授粉后30～45天，蒴果膨大，由3心皮组成，荚内有3室，着生黑色薄膜状种子。蒴果成熟开裂前，果荚（心皮）接缝处会变白。

2

开裂后，果荚内含大量的黑色薄膜状种子，质轻借由风力散播。种子不耐贮藏，采收后宜鲜播。

3

黑色薄膜种子，偶见未发育的片状种子，型小或中间未膨大的种子多半不具发芽的能力。

 小贴士

父本以晴天为佳，开放当天的花为宜。母本应于开放当天一早，或前一日先去除花朵上的雄蕊，避免受自花的花粉污染。待隔天花柱伸长、柱头向下微弯曲呈三开裂时授粉为佳。

🌱 方式 1. 撒播播种

1

自行授粉，产生杂交种子。或采收自成熟开裂的朱顶红果荚。

2

将黑色种子平均撒播在盆面上。朱顶红种子径大，育苗播种时，以直径27厘米以上盆为佳。

3

可先将介质充分浇透再撒播。或撒播后再充分浸润。中间型种子可覆土或不覆土。

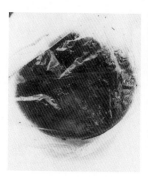

4

以塑料袋套上维持高湿环境，促进发芽。

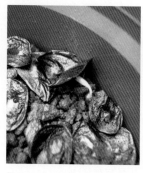

5

播种2周后，开始长根。

6

播种后3周，开始发芽。以撒播方式种植，种子未经浸种催芽，因此发芽较不整齐。

🌱 方式 2. 浸种催芽的播种

1

使用浸种促进朱顶红种子发根与发芽。因朱顶红种子质轻，故漂在水面上。

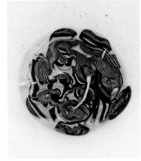

2

浸种后2周，近半数的种子已发根，部分种子开始长出子叶。

3

浸种后2周的侧面照。浸种比起传统撒播方式，发芽较为整齐一致。

4

浸种3周，种子已催芽完全。可将小苗栽植到直径16~27厘米盆内（视种子的量），进行苗期的养成。

5

将小苗栽入直径16厘米盆后1周。小苗子叶充分展开，以浸种方式催芽，发芽整齐一致。

6

生长季施用适量的肥料，促进小苗的养成。育苗期长达2~3年。成株后，再选拔喜爱的花色与花形，成为杂育的新品种。

　　当育成新品种之后，除了利用分株之外，利用双鳞片扦插的方式大量繁殖，可得到稳定质量的新品种，以便未来进行相关品种鉴定、申请品种权之需。

1

将鳞茎以清水洗净后，局部喷布70%酒精于鳞茎外部消毒。接着将鳞茎去头去尾，以便后续的分割作业。

2

第一次操作建议以八等分的方式切割较为容易。

3

分好后将较为幼嫩的心部剔除，留取较为充实的部分。

4

于鳞茎剖面上可明显看到短缩的茎及鳞片着生位置，分别以2～3片的鳞片为一单位，再切下带有2～3鳞片的块状鳞茎。所有切好的块状鳞茎，再以酒精喷洒消毒一次。

5

放入含有部分湿珍珠石的封口袋中保湿，置于阴凉处以利小鳞茎的再生。

杂交选种

范例
3

观赏用萱草

英文名：Daylily

科名：百合科（黄花菜科）

别名：金针花、黄花菜、宜男及忘忧草

近年自欧美引进多种观赏用的萱草，花色丰富，病虫害不多，唯夏季易患锈病，可定期使用杀菌剂防治，繁殖常见以分株方式为主。

台湾省栽种的萱草是 300 多年前自华南地区引进的。现广泛栽种在台湾花莲玉里及台东太麻里等地，该地近年因为壮观的萱草海而成为著名景点。萱草生性强健，品种极多，以每天开放一朵花而得英文名 Daylily，花期长达一季。

栽．种．提．示

| 亲本选择 | 以花色及花形作为亲本选择的依据，作者以友人相赠的杂交观赏用萱草，彼此间进行杂交。可依据喜好的花形花色进行亲本的收集，再选定喜爱的花形或花色互为亲本，进行杂交育种，再自后代中选拔喜爱的花色。 |

| 播种育苗 | 观赏用萱草的幼苗，需经 2 ~ 3 年的养育，开花后才能开始进行优良子代的选拔。苗期应给予良好的生长环境，并施予磷、钾含量较高的肥料，让小苗充分生长，才能缩短漫长的幼苗期。 |

| 种子取得 | 花后结蒴果，待果实转色及心皮接缝处转色时为采收时机。种子以鲜播为宜，或采收后阴干、置入防潮箱中贮存 1 周后，将种子存入封口袋中，置于冰箱中冷藏，寿命 3 ~ 5 年。 |

| 发芽时间 | 约 3 周时间。 |

| 日照需求 | ☀ |

授粉要领

1

宜晴天上午进行，选取当日开放的花朵为花粉亲本（父本），需检视花粉已释放的为佳。

2

子房下位花，授粉后2～3周，如授粉成功，子房会开始膨大。

3

授粉后5～6周，果荚成熟开裂，可采收种子。

 小贴士

百合科植物多为异交植物，即需要异株的花粉才能形成果荚结种子，自花授粉多半不会产生种子。选定亲本后进行杂交授粉，种子繁殖萱草的缺点是幼年期长，不能立即看到杂交育种的成果，播种栽培3～5年后才会开花。

🌰 播种要领
....

1

黑色种子，直径0.5~0.8厘米。具有不透水的外皮。

2

刻伤后，浸种1~2日，胚根略微露时即可。

3

种子颗粒大，宜点播。

4

轻微覆土后，浇水及插入标签，置入封口袋内，保持高湿环境，以利种子的萌芽。

5

播种2~3周后，种子已萌发，小苗具4~6片叶，可进行移植。

6

将植株移入直径10厘米的黑软盆中育苗，等待根系养成。栽植期间应定期给予肥料以利生长。

多肉植物
杂交育种

范例
4

芦荟科鹰爪草属软叶系

英文名：Haworthia

科名：芦荟科

软叶系 *Haworthia* 杂交育种十分有趣，但育苗时间较长，在株型养成期间，要有耐心等待，约莫 3 年就能见到每一颗种子长成的美丽。

产自南非的 *Haworthia* 原归类于百合科中，后又分类于芦荟科中一属；或称为瓦苇属、十二卷属等。据叶片形态，可分为软叶系及硬叶系两大类，市场常见软叶系 *Haworthia*，如玉露、宝草及寿；硬叶系 *Haworthia*，如十二之卷、琉璃殿等。通过杂交育种的方式，可以依喜好，选定合适的父母本创造出符合期待的品种。

以软叶系的 *Haworthia* 多肉植物而言，这类植物叶片上会具有窗的结构（叶片表面变成透明或半透明的特性）。在原生地为适应干燥和酷热的气候，常见生长在荒漠的草丛或树丛下方，全株半埋在土表中，叶窗能让光线透入叶肉组织，以利光合作用的进行。

栽．种．提．示

亲本
选择

亲本 1
白城

园艺栽培种，又称雪花芦荟，市场上常见的小型种观赏芦荟，莲座状的叶序及带有雪白色斑纹及突起的肉质叶片，在冷凉的秋冬季，叶片白色的部分还会转为美丽的粉红色。

亲本 2
大明镜

购自花市，是早年自日本引入台湾省的栽培种，可能为 *Haworthia retusa* 的杂交种。株型大，叶片饱满，叶窗大，且有条纹分布，叶片末端具向外反卷状。

多肉植物杂交育种

范例 **4**

芦荟科鹰爪草属软叶系

🌱 授粉要领

1
花呈穗状花序，不具有花梗或有短花梗。子房上位花。花被6片，花色白。

2
选定晴天上午，选取当日开放的花朵为雄花，剥除花瓣，检查雄蕊上的花粉是否成熟。

3
母本则以开放1～2天的花为宜，将花瓣及雄蕊剥除，如成熟柱头顶端会呈三裂，或有分泌黏液等特征。再将花粉沾在柱头上。

4
授粉后，应标示亲本组合。如授粉成功，子房膨大，形成果荚。

5
采收时机1
授粉后4～5周，果实转色，心皮接缝处变白。
采收时机2
顶端已开裂。如过慢采收，果实开裂种子会散逸不见。

小贴士

开花习性与芦荟相似，常见春、秋季开花，是异交植物，不会自花授粉结果，为虫媒花，花形与授粉方式与芦荟雷同，唯花朵较小，授粉时需要有过人的视力，并先去除花瓣及雄蕊，使柱头裸露较易进行授粉。

🌱 育苗方式

1

收集种子，可默认亲本组合后，进行大量的杂交育种。

2

于冬、春季播种，新鲜种子于播种后1周发芽。

3

栽培2年后，经3～5次的移植，略具雏形时进行选拔。

多肉植物杂交育种

范例
4

芦荟科鹰爪草属软叶系

范例　2009 年作者试以 *Haworthia* '白城' × '大明镜'的杂交育种

育种目的

以中小型的 *Haworthia* 栽培种为目标，新品种有更饱满的叶形及透亮的叶窗。以小型种叶窗透亮，叶序堆叠整齐的白城为母本，期待能改善株型与叶序排列。为让新品种的叶窗更硕大，叶形更饱满地表现，选用大明镜为父本。

Haworthia '白城'　　　　　'大明镜'

Haworthia '白城' ×　　　*Haworthia* '白城' ×　　　*Haworthia* '白城' ×
'大明镜' No.1　　　　　'大明镜' No.2　　　　　'大明镜' No.3

由株型的表现来看

株型受母本白城的影响，株型变小，且叶序堆叠得更整齐。杂交种子培养 5 年后，每一株表现各有特色。

叶形、叶色的表现

叶形都与母本相近，但在选拔后代中，子代 No.2 及 No.3 叶形受父本大明镜影响较多，有向外反卷具条纹的表现。No.1 叶窗表现较接近母本，叶色透亮，条纹较少。

更多杂交品种欣赏

以克雷克大与短叶康平杂交选育出具叶红褐、叶形浑圆且叶窗透亮的新品种。

以短叶康平与大明镜杂交选育出叶色翠绿、叶序堆叠整齐且叶窗带有美丽花纹的新品种。

在春庭乐品种间进行杂交育种。选育较大型，叶窗具突起、半透明质地的新品种。

多肉植物
杂交育种

范例
5

芦荟科芦荟属

英文名：Aloe

科名：芦荟科

观赏型的芦荟栽培容易，具有株型小、花形大的特性。其花期长，春、秋季开花，有利于各类亲本的组合与配对。

芦荟科植物多具有自交不亲和的特性，便于杂交育种的进行。自交不亲和多半会表现在杂交植物，即同一株芦荟的花粉无法让同一株芦荟结果，因此不必进行去除雄蕊的作业，只要栽种的环境较为封闭，不让昆虫等天然的授粉媒介接近或是把杂交育种的亲本栽在小型的网罩内，进行芦荟杂交育种就不难，各类观赏芦荟的适应性良好，适合作为杂交育种的练习。

栽.种.提.示

<table>
<tr><td>亲本
选择</td><td>选择 3 种作为亲本，并进行两个杂交育种示范。</td></tr>
</table>

亲本 1
雪白芦荟 *Aloe* 'Snow Flake'

园艺栽培种，又称雪花芦荟，市场上常见的小型种观赏芦荟，莲座状的叶序及带有雪白色斑纹及突起的肉质叶片，在冷凉的秋冬季，叶片白色的部分还会转为美丽的粉红色。
原产自非洲 *Aloe rauhii* 的杂交种。栽培容易，在花市可见的雪白芦荟株型变异很多。雪白芦荟间的杂交种也不少，花市多以雪白芦荟作为统称。

亲本 2
贝氏芦荟 *Aloe bakeri*

外形像是鱿鱼的触手，红褐色带点绿，张牙舞爪的外观造型奇趣。原产自非洲马达加斯加一带，为小型的原生种芦荟，株高10 ~ 20 厘米，群生时植群直径可达 40 厘米左右。
常绿多年生草本植物，叶片为绿至红褐色，高温季节全株常呈红或橙色，叶缘有白色的短棘刺。

亲本 3
Aloe deltoideodonta var. *candicans*

分布于非洲马达加斯加中、南部山区，生长于海拔 2100 ~ 2600 米的岩屑山坡地区。本种为 *Aloe deltoideodonta*，花色翠绿或近乎白花的变种。
叶长 8 ~ 10 厘米，基部宽、叶色若绿，具有数条明显的暗绿或暗褐色的平行脉络，是茎短缩的中小型观赏用芦荟。

<table>
<tr><td>播种
育苗</td><td>芦荟杂交种子以撒播方式育苗，待小苗生长3 ~ 5 片叶时移植；经一年至一年半的栽培，小苗略具雏形时，即可进行新品种的选拔。育苗期并不长，有机会也可以在花市选购几种小型的观赏芦荟，试试芦荟的杂交育种。</td></tr>
</table>

<table>
<tr><td>发芽
时间</td><td>播种后 2 周内发芽。</td></tr>
<tr><td>日照
需求</td><td></td></tr>
</table>

授粉要领

1

芦荟科的花器为总状花序，花由6片花被组成。花色常为橘红或黄色，花瓣不开张，略呈筒状花。

2

具有雌、雄蕊异熟的现象，即花开当天雄蕊会先成熟，释放花粉；花开2～3天后雌蕊成熟，花柱会伸出花朵之外，柱头会开裂，分泌黏液。

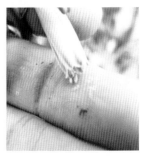

3

父本——成熟花粉的判定：开花当天，雄蕊成熟；花粉已充分释放。

4

母本选开花2～3天的为佳。检查花柱是否伸出花朵之外及柱头是否已经裂开，产生黏液，以此来判定母本柱头是否已达授粉时机。将雄株的花粉直接或以手指、水彩笔等方式沾在柱头上即可。

5

经授粉成功，花瓣凋萎，花朵会180°旋转，原向下开放的花朵会向上挺直。接着子房会发育成果荚。

6

果荚30～45天会成熟，在果荚开裂时采收、播种即可。

2006年作者试以贝氏芦荟*Aloe bakeri* × 雪白芦荟 *Aloe*‘Snow Flake’的杂交育种

育种目的

在新品种中引入雪白芦荟的株型及叶色的表现，让新的杂交种能有红、白、绿等叶色的变化。保留贝氏芦荟叶色变化丰富的特性，选用为母本。导入雪白芦荟株型短缩及叶色白的表现，选用为父本。

Aloe bakeri   *Aloe*‘Snow Flake’

Aloe bakeri ×   *Aloe bakeri* ×   *Aloe bakeri* ×   *Aloe bakeri* ×
‘Snow Flake’No.1   ‘Snow Flake’No.2   ‘Snow Flake’No.3   ‘Snow Flake’No.4

由株型的表现来看

株型受父本雪白芦荟的影响，茎部短缩较母本明显，株型较整齐。后代亦保留了父母本易生侧芽的特性，培养 6 年左右都呈现丛生的植群姿态。

叶型、叶色的表现

在几个选拔后代中，子代 No.2 及 No.4 叶形受贝氏芦荟影响较多，叶形会向上伸。No.1 及 No.3 叶形受父本影响向外反卷或开张。
子代中 No.3 为作者最喜欢的后代表现。叶色上的白斑较多，株型小且叶序开展，一样会呈现贝氏芦荟红褐色的表现，但可惜色彩变化少一些。

范例
2
2011 年以 *Aloe deltoideodonta* var. *candicans* × 雪白芦荟 *Aloe* 'Snow Flake' 杂交育种

育种目的
冀望能在新品种中，能有具备母本 *Aloedeltoideodonta* var. *candicans* 的株型。
呈倒三角状的叶形及带有深绿色条纹的特征，让新的杂交种叶型与株型能趋近 *Aloe deltoideodonta* var. *candicans*。使用叶色白及略有突起叶片特征的雪白芦荟株为父本，期待能将叶色的特征导入新的杂交品种中。

 ×

Aloe deltoideodonta var. *candicans*   *Aloe* 'Snow Flake'

Aloe deltoideodonta var. *candicans* × 'Snow Flake' No.1

Aloe deltoideodonta var. *candicans* × 'Snow Flake' No.2

Aloe deltoideodonta var. *candicans* × 'Snow Flake' No.3

Aloe deltoideodonta var. *candicans* × 'Snow Flake' No.4

由株型的表现来看
4 个后代的株型，亲本双方茎部具有短缩的现象，株型保有母本优良的性状。植株较为紧致，符合杂交育种的期待。

叶形、叶色的表现
叶形的表现受母本的影响，呈倒三角状的特征，基部宽，叶形平展，植株较亲本浑圆饱满。杂交的子代 No.3 及 No.4，叶色表现最佳，白色的斑纹表现极为突出，但仍具有母本叶片上有深色平行绿色条纹的表现。No.3 生长势最快，相较其他同龄的个体株型较大。No.4 叶片上白色的表现非雪白，近灰白，且叶形稍狭长。

附录

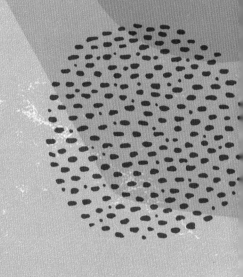

培育植物小苗时，常会发生哪些小困难或问题？下面以问答的方式收集一些常见的问题及解决方法。

最后附 200 种草花、香草、蔬果、多肉等种子栽种适期、播种方式、收成季节对照表。让您的种子一路顺利栽种到成长茁壮、开花结果！

附录1　常见的播种问答

 01 为什么播种后，种子一直都没发芽呢?

答:

播种不发芽的原因很多，可以从以下几个方面来检查。

□**种子的发芽期间多久?**

以草本植物为例，播种后的 7 ~ 14 天为最重要的时期，如未发芽则大致上已不会发芽。木本植物就不一定了，播种后的半年到一年内都是发芽期间。

□**种子是否还新鲜?**

基本上来说，播种不发芽的主因是种子不够新鲜，失去活力，请您检查种子包装上的期限；又或是保存的方式不得宜，造成种子早已失去发芽的能力。

□ **种子是好光性或嫌光性?**

也有可能是好光性种子，因为播种后覆土，大量的遮光导致发芽失败。

□ **种子是何时播种的?**

播种时机错误也常是种子无法发芽的原因，如春播的花草种子，在秋天播种就会造成无法发芽。因生长适温不对，种子自然就无法生长。

□ **播种后浇水是否过勤?**

最后可能是播种后浇水不当，水浇得过多造成浸泡的现象，使种子缺氧而失去发芽的能力。

02 栽培花花草草一定要用种子繁殖吗?

答:

播种繁殖只是种花种草的一个方法而已。播种最常使用在一、二年生的草本植物上，其他的多年生草花还可以利用扦插、分株等方式进行繁殖。

03 为什么播种时会长出许多小蚊子?

答:

其实您看到的黑色小型昆虫不是蚊子，极可能是蕈蚋这类腐食性昆虫，常以介质或土壤中的有机质及腐殖质为食，再加上潮湿、阴暗及不通风的环境，短短几天内便大量滋生。

其虽不危害植株本身，但造成感官上的不适。若排除因培养土不够干净的因素，其常见发生在制作种子盆栽时，因种子未清理干净或果肉未充分去除，而引来蕈蚋生长、繁殖。

 建议将种子的果肉或种皮冲洗干净，减少有机物的残留后，在播种后放上一层矿物质介质，如发泡炼石、石砾、麦饭石等。这些矿物质介质具有装饰功能，还可隔绝蕈蚋幼虫取食残留有机质的机会，进而杜绝蕈蚋的发生。

04 播种需要施肥吗?

答:

一般而言,播种初期不需施肥,因种子中的子叶及胚乳含有大量养分,可供给小苗生长初期所需,因此播种时不必施肥。

待小苗长到 3 ~ 5 片真叶后,或进行第一次移植时再施肥即可。或使用含有基肥的培养土或介质进行播种,根一旦露出来便能吸收到足够的养分,协助初期的生长。如为加速小苗生长,种子一发根可进行第一次的施肥。建议选择磷、钾含量较高的液体肥料,并稀释 1500 ~ 2000 倍来施肥,以促进小苗生长。

05 种子包一旦开封后没种完, 要不要冰箱冷藏保存?

答:

开封后,如未马上使用,应避免种子回潮或吸收水分,宜放入干燥剂,密封后再置回冰箱中冷藏为佳。否则会因为种子吸收水汽,在常温下呼吸作用加快,减短贮存的寿命。

06 种子是用买的品种好，还是用自行采集的好？

答：

种子用买的好，还是自行留种的好？这个问题值得令人深思。需视作物的类别及栽培的目的，而有不同的考量。

就作物类别而言

大面积栽培的作物，如五谷、杂粮等农作物，只要能循着一些采种的要领，自田间年年选拔优良的植株进行采种，渐渐地会选拔出最适应当地气候环境的种子来。

就小面积或投入单位成本较高的精致园艺作物而言

如花卉、蔬菜、果树等，为了生产较高质量的产品，常使用杂交一代种子（F1 种子）或以无性繁殖的方式生产小苗，确保未来能产出一致性较高的产品。因此建议选购种子来播种为佳，最大的好处是可确保品种纯正性，生产出的产品一致性较高、卖相较佳。

具优良性状的商业品种多半是 F1 代种子，或是多品系杂交育成的品种。它们经自行留种后，原本优良的性状，如美丽的花色、抗病虫害等特性，会在自行留种第二代出现分离的现象，造成与产品不一致性的问题。

就栽培目的而言

商业栽培时，为了追求产品的质量，多半选购种子进行生产。一来省去采种、留种的时间及人力成本；二来种子品质较高，栽培时也较为省工。

 居家趣味栽培时，选择性较高，选购种子可行，自行留种也好。如不介意后代性状分离的状况，可自行留种，几代之后还能选拔出更适合当地环境的品种来。

07 什么是种子预措处理?
种子一定要泡水后才能进行播种吗?

答:

种子预措处理是指播种前，为了让种子发芽迅速、整齐、减少病菌感染等所进行的处理措施。

种子预措常使用在发芽具有障碍或困难的种子上。如厚壳种子，常因种皮过厚造成不易吸水及无法充分呼吸的状态，导致发芽的障碍，此时会在种皮或种脐上使用刻伤、剪开、酸或碱处理等，造成物理性破坏，以利种子的胚能获得水和氧气，顺利发芽。

浸种是最常用的种子预措处理方式。播种前先让种子吸足水分，浸泡至种皮稍微裂开即可，还能让种子充分呼吸，缩短播种后发芽的时间。种子不泡水一样可以播种的，只是发芽的时间较长一些，发芽也可能较不整齐。

 为减少病菌的感染，在种子预措上可选择以 40 ~ 50℃温水浸泡种子 5 ~ 10 分钟的方式，软化种皮外兼具杀菌功能，播种时能免于病菌的感染。

08 **到底要拿什么培养土来播种比较好呢?**

答:

除了植物的特殊需求外，只要是干净的培养土或介质皆可以使用于播种。建议培养土的颗粒大小最好与种子大小相当，尤其是细小的种子，可于播种前先将培养土筛过，或表土加上一层与种子颗粒相当的介质再播种，可以避免种子陷入颗粒的间隙中，造成覆土遮光等情形，让小苗生长较为整齐一致。

 09 **本来长得好好的小苗，**
为什么突然间就烂了?

答:

不论是播种或是以其他方式繁殖植物，建议都要使用干净的介质，最好能事前消毒。为使种子发芽，播种环境湿度通常很高，如果播种用的介质不够干净，容易因病菌感染而造成种苗短时间内大量死亡，常见的有猝倒病。另外，播种前先消毒种子也可防范或减少病菌的感染。

 小贴士　如为避免苗期出现病菌感染，可在种子发芽后喷洒 800 ~ 1000 倍的杀菌剂来防治。

附录2　200个种子栽种对照表

❋撒播　▦条播　❀点播

植物名称 ★ 新手推荐	播种前处理			栽培方式					播种 / 收获季节	
秋冬季草花	浸种处理	挫伤处理	层积处理	直播	育苗	播种方式 ❋	▦	❀	播种覆土	播种期	花期
天竺葵				✓	✓	✓		✓		秋冬	秋冬春
粉萼鼠尾草				✓	✓	✓		✓		秋冬春	秋冬春
★ 孔雀草				✓	✓	✓		✓	✓	全年	全年
★ 波斯菊				✓	✓	✓		✓	✓	秋冬春	秋冬春
★ 中国凤仙	✓			✓	✓		✓	✓	✓	秋冬春	全年
★ 非洲凤仙				✓	✓	✓	✓	✓		秋冬春	全年
★ 新几内亚凤仙					✓			✓	✓	秋冬春	全年
★ 万寿菊				✓	✓			✓	✓	春夏秋	春夏秋
★ 一串红				✓	✓			✓		秋冬春	秋冬春
★ 三色堇				✓	✓			✓	以报纸遮光	秋冬	秋冬春
★ 香堇菜				✓	✓			✓	以报纸遮光	秋冬	冬春
香雪球				✓	✓	✓		✓		秋冬	冬春
四季秋海棠				✓	✓	✓				秋冬	冬春夏
五彩石竹				✓	✓	✓				秋冬	冬春夏
★ 红花鼠尾草				✓	✓			✓		全年	全年
★ 矮牵牛				✓	✓			✓		秋冬	秋冬春
金鱼草				✓	✓	✓				秋冬	秋冬春
银叶菊				✓	✓			✓		秋冬	全年
★ 金莲花	✓ 4~8小时			✓	✓	✓		✓	✓	秋冬春	秋冬春
美女樱	以底部 淹水法播种			✓		✓		✓		秋冬春	冬春夏

※ 部分植物依个别品种有不同的播种期，请参考种子包装袋上的说明。

植物名称 ※新手推荐	播种前处理			栽培方式						播种 / 收获季节	
春夏季草花	浸种处理	挫伤处理	层积处理	直播	育苗	❖❖ (撒播)	▦▦ (条播)	❖❖❖ (点播)	播种覆土	播种期	花期
* 彩叶草				✓	✓	✓		✓		春夏秋	全年
* 千日红				✓	✓	✓				春夏秋	全年
* 松叶牡丹				✓		✓				全年	全年
* 马齿牡丹				✓		✓				全年	全年
* 长春花				✓	✓			✓	✓	春夏	春夏秋
* 紫花夜夜牛	✓			✓				✓	✓	春夏	秋冬春
* 黄波斯				✓		✓			✓	夏秋冬	夏秋冬
* 向日葵				✓		✓	✓		✓	春秋	全年
* 牵牛花	✓			✓				✓	✓	春夏	春夏秋
* 观赏辣椒				✓	✓	✓		✓	✓	全年	全年
* 鸡冠花				✓	✓	✓		✓	✓	全年	全年
* 天人菊		✓ 4~6小时		✓				✓		秋冬春	夏秋
黄帝菊				✓	✓	✓		✓		春夏	夏秋
* 醉蝶花				✓	✓	✓	✓			秋	夏
* 繁星花				✓	✓	✓				春夏	全年
* 夏堇				✓	✓	✓		✓		春夏	春夏
非洲菊				✓	✓				✓	秋冬春	全年
* 茑萝	✓			✓		✓		✓	✓	春夏秋	夏秋
* 百日菊				✓					✓	全年	全年
香彩雀					✓	✓	✓	✓		春夏	夏秋冬
* 海豚花					✓	✓				春	全年
香草植物	浸种处理	挫伤处理	层积处理	直播	育苗	❖❖ (撒播)	▦▦ (条播)	❖❖❖ (点播)	播种覆土	播种期	采收期
罗马洋甘菊				✓		✓				春秋	秋冬春
胡椒薄荷										春秋	全年
九层塔				✓	✓	✓		✓	✓	春秋	全年
罗勒				✓	✓	✓		✓		春夏秋	全年

※ 部分植物依个别品种有不同的播种期，请参考种子包装袋上的说明。

☀ 撒播　▦ 条播　❀ 点播

植物名称 ☀新手推荐	播种前处理			栽培方式						播种 / 收获季节	
香草植物	浸种处理	挫伤处理	层积处理	直播	育苗	播种方式 ☀	播种方式 ▦	播种方式 ❀	播种覆土	播种期	采收期
迷迭香				✓	✓	✓				春秋	全年
☀ 鼠尾草				✓	✓			✓		春秋	春夏秋
☀ 百里香				✓	✓			✓	✓	春秋	秋冬夏
☀ 紫苏				✓	✓	✓	✓	✓		春夏	春夏秋
狭叶薰衣草				✓	✓			✓		春秋	秋冬夏
球根花卉	浸种处理	挫伤处理	层积处理	直播	育苗	播种方式 ☀	播种方式 ▦	播种方式 ❀	播种覆土	播种期	花期
大丽花	✓				✓			✓	✓	秋	冬春
君子兰	✓				✓			✓	✓	春	春夏
☀ 朱顶红	✓				✓	✓	✓	✓		春	春
风雨兰	✓				✓			✓	✓	春	秋
断崖女王					✓	✓	✓			夏秋	夏秋
☀ 大岩桐					✓	✓	✓			春	春夏
垂筒花	✓				✓			✓	✓	春	冬春
仙客来					✓		✓	✓	✓	秋	冬春
铁炮百合				✓	✓	✓				秋	春夏
☀ 射干	✓	✓		✓	✓			✓	✓	春秋	全年
刘易斯安娜鸢尾	✓	✓			✓			✓	✓	秋	春
蓝蝴蝶	✓	✓			✓			✓	✓	秋	春
☀ 美人蕉	✓	✓		✓	✓			✓		全年	全年
室内植物	浸种处理	挫伤处理	层积处理	直播	育苗	播种方式 ☀	播种方式 ▦	播种方式 ❀	播种覆土	播种期	花期
袖珍椰子	✓		✓		✓	✓		✓	✓	春夏	夏
鱼尾椰子	✓		✓		✓	✓		✓	✓	春秋	春夏
美叶苏铁	✓	✓	✓		✓				✓	秋冬	春夏
嫣红蔓					✓					秋	夏
玉唇花					✓	✓				春	冬春
非洲堇					✓	✓				秋	春

※ 部分植物依个别品种有不同的播种期，请参考种子包装袋上的说明。

植物名称 ＊新手推荐	播种前处理			栽培方式						播种／收获季节	
室内植物	浸种处理	挫伤处理	层积处理	直播	育苗	播种方式 ❖	播种方式 ▦	播种方式 ❖	播种覆土	播种期	花期
＊迷你岩桐					✓	✓				春	秋
＊武竹	✓				✓			✓	✓	夏秋	春
＊狐尾武竹	✓				✓			✓	✓	春夏	春
超迷你岩桐					✓	✓				春	秋
＊花脸苣苔					✓					秋	春
蔬菜水果	浸种处理	挫伤处理	层积处理	直播	育苗	播种方式 ❖	播种方式 ▦	播种方式 ❖	播种覆土	播种期	采收期
＊空心菜	✓ 8~24小时			✓		✓	✓		✓	全年	全年
＊香菜	✓ 8小时			✓					✓	全年	播种后约30天
＊白苋菜				✓		✓	✓		✓	全年	播种后约30天
小白菜				✓	✓	✓	✓	✓	✓	春夏秋	春夏秋
＊上海青				✓	✓				✓	全年	全年
＊芹菜	✓ 12小时			✓	✓				✓	夏秋冬	播种后35~45天
西洋芹	✓ 12小时			✓	✓				✓	秋	冬春
＊茼蒿				✓	✓				✓	秋冬春	秋冬春
＊红莴苣	夏季可浸种催芽			✓	✓				✓	全年	播种后约40天
＊大陆妹				✓	✓				✓	秋冬春	秋冬春
＊美生菜				✓	✓				✓	秋冬春	秋冬春
萝卜				✓					✓	秋冬	播种后4~5个月
＊胡萝卜				✓				✓	✓	秋冬	冬春
＊樱桃萝卜				✓				✓	✓	全年	全年
牛蒡				✓					✓	秋	冬春
洛神	✓			✓					✓		
花椰菜				✓	✓				✓	秋冬	春夏
青花菜				✓	✓				✓	秋冬	春夏
洋香瓜	温水浸种30分钟，如遇低温可置于潮湿介质中2天			✓					✓	8月下旬~9月	播种后35~55天
＊西瓜	✓			✓	✓			✓	✓	春	播种后约60天

※ 部分植物依个别品种有不同的播种期，请参考种子包装袋上的说明。

❖ 撒播　　▦ 条播　　❖ 点播

植物名称 *新手推荐	播种前处理			栽培方式						播种/收获季节	
蔬菜水果	浸种处理	挫伤处理	层积处理	直播	育苗	❖	▦	❖	播种覆土	播种期	采收期
小黄瓜	✓			✓	✓			✓	✓	春	春夏
胡瓜	✓			✓	✓			✓	✓	春	春夏
白玉苦瓜	✓ 6~12小时	可有可无		✓	✓			✓	✓	全年	全年
* 冬瓜	✓			✓	✓			✓	✓	春	秋
* 南瓜	✓			✓	✓			✓	✓	春秋	春夏
* 瓠瓜	✓			✓	✓			✓	✓	春	夏秋
* 丝瓜	✓			✓	✓			✓	✓	春	夏秋
* 黄秋葵	✓ 1天			✓	✓		✓	✓	✓	春夏	夏秋
南瓜	✓ 16~24小时			✓				✓	✓	夏末至春	秋冬夏
番茄				✓	✓			✓	✓	秋	冬春
甜椒	温水浸渍 30分钟			✓	✓			✓	✓	春夏秋	全年
* 辣椒				✓	✓			✓	✓	秋冬春	冬春夏
* 豌豆	✓			✓	✓			✓	✓	秋	冬春
* 菜豆	✓			✓	✓			✓	✓	春	春夏
* 皇帝豆（莱豆）	✓ 数小时				✓			✓	✓	夏秋	秋冬春
豇豆	✓			✓	✓			✓	✓	春	夏秋
* 翼豆	✓ 8~12小时			✓				✓	✓	秋	冬春
五谷杂粮	浸种处理	挫伤处理	层积处理	直播	育苗	❖	▦	❖	播种覆土	播种期	采收期
* 大麦	✓			✓			✓		✓	秋	春夏
* 小麦	✓			✓			✓		✓	秋	春
* 黄豆	✓			✓				✓	✓	秋	冬春
* 绿豆	✓			✓				✓	✓	春	夏
* 红豆	✓			✓				✓	✓	春	夏
* 薏米	✓			✓				✓	✓	春	夏秋
* 树豆				✓				✓	✓	春夏	夏秋
* 超甜玉米	✓			✓	✓		✓	✓	✓	全年	全年

※ 部分植物依个别品种有不同的播种期，请参考种子包装袋上的说明。

✤ 撒播　▦ 条播　✤ 点播

植物名称 ★新手推荐	播种前处理			栽培方式						播种/收获季节	
花木類	浸种处理	挫伤处理	层积处理	直播	育苗	✤	▦	✤	播种覆土	播种期	花期
★ 山樱花	✓	✓	✓		✓			✓	✓	夏秋	春
羊蹄甲	✓	✓	✓		✓	✓	✓	✓	✓	夏秋	春
阿伯勒	✓	✓	✓		✓			✓	✓	春	秋
★ 水黄皮	✓	✓	✓		✓			✓	✓	春	秋
黄花风铃木					✓	✓		✓		秋	春
黄钟花					✓			✓		夏秋	夏
月橘	✓				✓		✓	✓	✓	秋	夏秋
春不老	✓				✓		✓	✓	✓	春秋	夏
苦楝	✓	✓			✓			✓		冬春	春
缅栀	✓				✓			✓		春	秋
扶桑	✓				✓			✓	✓	春	冬
★ 木玫瑰	✓			✓	✓			✓		春	秋
多肉植物	浸种处理	挫伤处理	层积处理	直播	育苗	✤	▦	✤	播种覆土	播种期	花期
★ 雪白芦荟					✓	✓				冬春	春秋
寿					✓	✓				春	春秋
卧牛					✓	✓				春	春
玉扇					✓	✓				春	春秋
万象					✓	✓				春	春
石头玉					✓	✓			✓	春秋	秋冬
★ 象牙丸					✓	✓				春夏	夏秋
松霞					✓	✓				春夏	冬春
士童					✓	✓				春夏	冬春
雪晃					✓	✓				春夏	冬春
发叶苍角殿					✓	✓				春夏	冬春
匙叶灯笼草					✓	✓				春	冬春
鹅銮鼻灯笼草					✓	✓				春	秋冬

※ 部分植物依个别品种有不同的播种期，请参考种子包装袋上的说明。

撒播　条播　点播

植物名称 ★新手推荐	播种前处理			栽培方式						播种 / 收获季节	
多肉植物	浸种处理	挫伤处理	层积处理	直播	育苗	撒播	条播	点播	播种覆土	播种期	花期
★ 沙漠玫瑰					✓		✓	✓		春夏	夏秋
★ 丝苇					✓	✓				春	不定期
趣味栽培	浸种处理	挫伤处理	层积处理	直播	育苗	撒播	条播	点播	播种覆土	播种期	观赏期
番石榴	✓	✓			✓	✓			✓	全年	半年
青脆枝	✓		✓		✓		✓	✓	✓	夏秋	1年
★ 牛油果	✓				✓			✓	✓	全年	1~3年
★ 豆芽	✓				✓	✓				全年	全年
★ 龙眼	✓	✓			✓			✓	✓	夏秋	1年
咖啡	✓		✓		✓		✓	✓	✓	夏秋	1年
竹柏	✓	✓	✓		✓	✓		✓	✓	春夏	1~3年
★ 罗汉松	✓				✓		✓	✓	✓	春	1~3年
★ 文殊兰					✓			✓	✓	夏秋	1年
肯氏南洋杉	✓				✓			✓	✓	秋	1年
落羽松	✓		✓		✓			✓	✓	春夏	1~3年
★ 穗花棋盘脚	✓				✓			✓	✓	春夏	1~3年
面包树	✓				✓			✓	✓	夏	1~3年
棋盘脚树	✓		✓		✓			✓		夏秋	1~3年
★ 马拉巴栗					✓		✓	✓	✓	全年	1~3年
★ 小叶榄仁	✓				✓			✓	✓	全年	1~3年
榄仁	✓		✓		✓			✓	✓	全年	1~3年
光腊树		✓		✓	✓				✓	夏秋	1年
棕榈	✓		✓		✓			✓	✓	全年	1~3年
霸王椰	✓		✓		✓			✓	✓	全年	1~3年
蒲葵	✓		✓		✓			✓	✓	全年	1 年
银叶树	✓		✓		✓			✓	✓	春	1~3年
★ 月橘	✓				✓			✓	✓	冬春	1年

※ 部分植物依个别品种有不同的播种期，请参考种子包装袋上的说明。

撒播　条播　点播

植物名称 *新手推荐 / 趣味栽培	浸种处理	挫伤处理	层积处理	直播	育苗	撒播	条播	点播	播种覆土	播种期	花期
梅	✓	✓	✓		✓			✓	✓	秋春	1 年
枇杷	✓				✓			✓	✓	夏秋	1 年
茄苳	✓				✓	✓			✓	冬春	半年
台东漆树	✓				✓			✓		夏秋	1 年
肯氏蒲桃	✓				✓			✓		秋	1 年
琼崖海棠	✓		✓		✓			✓	✓	秋	1 年
甜柿	✓				✓			✓		秋	1 年
青刚栎	✓	✓			✓			✓	✓	冬春	1 年
田代氏石斑木	✓				✓	✓		✓		秋冬	1 年
象牙木	✓		✓		✓			✓	✓	夏秋	1~3 年
福木	✓		✓		✓			✓	✓	夏秋	1~3 年
春椿	✓				✓			✓		春	1 年
卡利撒	✓				✓			✓	✓	冬春	1 年
桂叶黄梅	✓				✓			✓	✓	春夏	1 年
银杏	✓		✓		✓			✓		冬春	1~3 年
* 台湾栾树	✓				✓			✓	✓	春	1 年
* 红龙果		✓		✓	✓					夏秋	半年
其他	浸种处理	挫伤处理	层积处理	直播	育苗	撒播	条播	点播	播种覆土	播种期	花期
睡莲		✓			✓	✓				全年	全年
彩叶凤梨		✓			✓	✓				春	秋
空气凤梨					✓	✓				春	秋
毛毡苔					✓	✓				秋	春
彩虹草					✓	✓				冬春	夏秋
瓶子草					✓	✓				春	秋
铁线莲	✓		✓		✓	✓				春	春秋

※ 部分植物依个别品种有不同的播种期，请参考种子包装袋上的说明。

著作权合同登记号：图字 13-2018-023

《零失败种子栽培全学习：播种　采种　育种图解入门（2017年畅销改版）》
中文简体版2018年通过成都天鸢文化传播有限公司代理，经台湾城邦文化事业
股份有限公司麦浩斯出版事业部授权福建科学技术出版社于中国大陆独家出版
发行，非经书面同意，不得以任何形式，任意重制转载。本著作限于中国大陆
地区发行。

图书在版编目（CIP）数据

养花种菜　小种子大趣味 / 梁群健，徐骏逸著.—福州：
福建科学技术出版社，2018.8
ISBN 978-7-5335-5629-7

Ⅰ.①养… Ⅱ.①梁… ②徐… Ⅲ.①花卉 - 观赏园
艺②蔬菜园艺 Ⅳ.①S68②S63

中国版本图书馆CIP数据核字（2018）第104522号

书　　名	养花种菜　小种子大趣味	
著　　者	梁群健　徐骏逸	
出版发行	福建科学技术出版社	
社　　址	福州市东水路76号（邮编350001）	
网　　址	www.fjstp.com	
经　　销	福建新华发行（集团）有限责任公司	
印　　刷	福建地质印刷厂	
开　　本	700毫米×1000毫米　1 / 16	
印　　张	18	
图　　文	288码	
版　　次	2018年8月第1版	
印　　次	2018年8月第1次印刷	
书　　号	ISBN 978-7-5335-5629-7	
定　　价	58.00元	

书中如有印装质量问题，可直接向本社调换